U0397838

杨国荣 著 作 集 ｜ 增订版 ｜

# 科学的形上之维

## ——中国近代科学主义的形成与衍化

杨国荣◎著

华东师范大学出版社

·上海·

图书在版编目（CIP）数据

科学的形上之维：中国近代科学主义的形成与衍化／
杨国荣著. —增订本. —上海：华东师范大学出版社，
2021

（杨国荣著作集）

ISBN 978－7－5760－1250－7

Ⅰ.①科… Ⅱ.①杨… Ⅲ.①科学哲学 Ⅳ.①N02

中国版本图书馆 CIP 数据核字（2021）第 055202 号

杨国荣著作集（增订版）

科学的形上之维
——中国近代科学主义的形成与衍化

著　　者　杨国荣
责任编辑　朱华华
审读编辑　张继红
责任校对　王丽平
装帧设计　卢晓红

出版发行　华东师范大学出版社
社　　址　上海市中山北路 3663 号　邮编 200062
网　　址　www.ecnupress.com.cn
电　　话　021－60821666　行政传真 021－62572105
客服电话　021－62865537　门市（邮购）电话 021－62869887
地　　址　上海市中山北路 3663 号华东师范大学校内先锋路口
网　　店　http://hdsdcbs.tmall.com/

印刷者　上海雅昌艺术印刷有限公司
开　　本　700×1000　16 开
印　　张　18.75
字　　数　234 千字
版　　次　2021 年 5 月第 1 版
印　　次　2021 年 5 月第 1 次
书　　号　ISBN 978－7－5760－1250－7
定　　价　79.80 元

出 版 人　王　焰

（如发现本版图书有印订质量问题,请寄回本社客服中心调换或电话 021－62865537 联系）

# 目 录

# 自　序

　　大约十年前(80 年代末),我曾对五四时期的科学思潮作过简略的考察,《科学的泛化及其历史意蕴》一文便是这一研究的初步结果①。此后,虽几度拟对近代的科学主义思潮作进一步的研究,但都因其他研究计划的插入而作罢。1996 年,我完成了《心学之思——王阳明哲学的阐释》一书。此后,我开始逐渐将研究重心转向中国近代的科学主义。

　　这些年,我一直认为,哲学之思应当关注形上之域,但形上的沉思不能疏离形下之域;形上与形下之间的沟通和互动,是避免流于玄学思辨的必要前提。正

―――――――――

　　①　该文先刊于《哲学研究》1989 年第 5 期,后收入我的文集《理性与价值》,上海:上海三联书店,1998 年。

是基于这一看法,在 90 年代初结束了儒家价值体系的研究以后,我便转而考察近代的实证主义思潮:相对于传统儒学的价值体系,实证主义显然更接近形而下之域;也是根据同样的考虑,在对思辨的心学做了"形而上"的沉思之后,我的注重之点开始转向科学主义思潮:尽管科学的"主义化"往往伴随着形上化的过程,但较之心学,科学主义思潮与现实的经验世界无疑有更切近的联系。

近代以来,科学世界与人文世界如何定位的问题,似乎一再为思想家们所关注。科学的本质体现于世界的构造过程,正是在化自在之物为为我之物的过程中,科学展示为人的存在方式。然而,人的存在并非仅仅只有一个向度,人敞开及构造世界的过程也并非仅仅指向科学的认知;科学主义将科学的世界图景视为唯一真实的存在形态,显然是片面的。人化世界作为广义的意义世界,既可以表现为科学的图景,也可以取得人文的形式。从宽泛的意义上看,人化世界无非是进入了人的知行之域的存在,人对世界的把握并不仅仅限于科学认知,意义的追问和探求总是有其多重向度。以解释、评价、规定等为形式的人文研究和探索,同样作用于人化世界的构造:正如科学以事实认知等方式融入了化自在之物为为我之物的过程一样,人文的探索以意义的阐释等方式参与了化本然界为人化世界的过程。当人们追问宇宙的第一因时,形上之域就开始进入意义世界;当自然成为审美对象时,天地之"美"就不再是庄子意义上的不言之美,而是被赋予某种人文的规定;如此等等。以人化世界的形成、解释、评价以及规定为内容,人文探索从不同于科学的另一侧面,展示了人的存在方式。

作为人的不同存在方式,科学之域与人文之域无疑各有其合法性。无论是以科学世界消解人文世界,抑或以人文世界消解科学世界,均与存在的多重向度相悖。近代以来科学与人文的相分曾引向了二重知识、二重文化、二重领域的疏离和对峙,这种疏离和对峙不仅导致了文化的冲突,而且也引发了存在的分裂。在经历了漫长的分离和紧张之后,如何重建统一已成为无法回避的时代问题。科学与人文从分离走向统一的过程,既指向广义的文化整合,又意味着扬弃存在的分裂,恢复存在的多重相关向度;质言之,回归具体的存在。

本书所做的工作,主要是对中国近代科学主义的历史起源及其多重理论向度作一粗线条的梳理。尽管力图由此揭示其中的内在脉络,但由于各种原因,这种历史考察还远不能尽如人意。也许是缺乏专注于一域的沉潜之心,本书的内容未及精磨细琢,我的注意力又开始转向另一些领域——首先是伦理学的问题。虽然现在还很难预见这方面的工作将达到何种结果,但继"科学"的沉思之后,我确乎又有一种回归道德"形上学"的意向,这或许也可以看作是真与善、形上与形下之间的某种互动。

杨国荣

1998 年 6 月

# 导　论

　　科学主义(scientism)与科学(science)无疑是两个具有不同规定的概念：科学在泛化为主义之后，其内涵便非本然形态的科学所能范围。然而，"什么是科学主义"和"科学究竟是什么"这两个问题之间，似乎亦存在着历史与逻辑的联系。从宽泛的意义上看，科学的源头可以追溯到人类文明的早期，但近代意义上的科学则大致肇始于15、16世纪。与科学的形成和发展前后呼应，关于科学的解说与界定也经历了一个历史过程，直到现代，"科学究竟是什么"依然是一个见仁见智的问题。一些论者较多地着眼于科学的内在因素，并由此强调了科学的认知性质；另一些论者则注目于科学的外在之缘，并由此赋予科学以广义的文化意蕴或某种意识形态的特征。[①]

就科学本身而言,知识常常是其直接的表现形式,与之相联系,科学往往被理解为一种知识系统;当培根肯定知识就是力量时,他所说的知识主要便是指科学的具体形态。相对于常识及形而上的思辨,作为知识的科学具有严密性和可证实性(或可证伪性)等特点,所谓严密性往往体现于数学的推绎过程,可证实性(或可证伪性)则总是指向经验领域。科学知识的这种严密性及可证实性(或可证伪性)最终是由科学方法来担保的,科学的严密性关联着数学推演等方法:形式化的理论模型,往往以数学推论为其手段;可证实性(或可证伪性)则与观察、实验等方法相联系。从动态的角度看,科学总是展开为一个过程:科学知识形成于科学的研究活动,科学方法也唯有在具体的运用中才能获得现实性的品格。总起来,就其内在向度而言,科学表现为科学知识、科学方法、科学活动(过程)的统一。尽管科学的过程始终离不开一定的文化历史背景,其活动既植根于社会文化,又不断地在社会演进中留下其印记,因而在某种意义上可以把它视为一种文化过程,[②]但相对于其他文化现象,认知之维无疑是其主要的方面。

较之科学的认知向度,科学主义似乎更多地表现为一种形上的信念和原则;它固然与科学相联系,但同时又往往对科学作了某种超

---

[①]　哈贝马斯已较具体地分析了科学及技术的意识形态特征,参见 Habermas, *Towards a Rational Society*, London:Heinemann, 1971。除了上述不同理解外,不同文化背景下的哲学学派亦往往对科学作了不同的界定。如实证论者首先将科学理解为自然科学,而德国的人本主义者如狄尔泰则把人文学科也纳入科学之列。

[②]　〔美〕李克特:《科学是一种文化过程》,北京:生活·读书·新知三联书店,1989 年。又,布鲁诺·来图也强调了科学的活动性与过程性,当然,后者更多地强调了这种活动的社会背景。参见 Bruno Latour, *Science in Action*, Cambridge, MA and London:Harvard University Press, 1997。

越知识领域的理解和规定。① 具体而言,科学主义首先展示了一种哲学的趋向。在这一维度上,科学主义的特点在于将科学泛化为一种形而上的世界图景,并相应地将科学引申为构造的原理。按照科学主义的理解,世界似乎可以被还原为数学、物理、化学等规定,而这种规定同时又成为以科学构造世界的前提。胡塞尔曾批评伽利略把世界数学化了,②在科学主义那里,这种趋向得到了进一步的发展。数学化意味着抽象化,经过如此抽象的世界图景,往往又被科学主义视为世界的真实存在。这样,科学的世界图景便逐渐获得了形而上的性质:它既作为对存在的规定而具有了某种本体论的意义,又构成了建构世界的普遍原理。

科学方法的泛化,是科学主义的另一种哲学倾向。科学的方法往往被理解为科学的核心,实证的观念、数学化的追求则常常被普遍地引向存在的各个领域。以此为背景,不仅自然,而且人生也成为科学方法的作用对象。奥斯特瓦尔德(W. Ostwald)曾以能量的理论,对伦理学意义上的快乐(happiness)作了"科学"的解释。按照奥斯特瓦尔德的观点,快乐的程度可以概括为如下的数学公式:$G = (E + W) \times (E - W)$,其中 $G$ 表示快乐的程度,$E$ 是自愿消耗的能量总数,$W$ 是被迫耗费的总能量。③ 快乐及其程度属于人生哲学的问题,在此,物理学和数学便被引入了人生领域,并成为解决人生问题的方

---

① 欧文(D. R. G. Owen)已指出,科学主义的特点在于将科学的有限原理转换为无所不包的教条,从而使之超越了具体的知识领域,参见 Owen, *Scientism, Man, and Religion*, Philadelphia: The Westminster Press, 1952, pp.20 - 21。

② 参见〔德〕胡塞尔:《欧洲科学危机和超验现象学》,上海:上海译文出版社,1988 年,第 27 页。

③ 参见 Casper Hakfoor, "Science Deified: Wilhelm Ostwald's Energeticist World-view and the History of Scientism", *Annals of Science*, xlix (1992), pp.524 - 544。

法。与科学方法的如上泛化相应的，是人生等领域的普遍科学化。作为普遍的追求，科学化往往同时体现于哲学本身，当实证论以证实原则为意义的标准，并把哲学限定为对语言的逻辑分析时，其哲学立场便表现出科学主义的性质：它在某种意义上通过实证方法与逻辑运演的普遍化而将哲学理解为科学的一种特定形态。在这里，科学的形上化与哲学的实证化似乎重合为一，二者呈现出某种悖论的形态。

　　形上的世界图景和科学方法的泛化，以及由此展开的科学化追求，主要从哲学的层面表现了科学主义的内涵。与哲学趋向相联系的是价值原则，后者从更广的意义上展示了科学主义的特征。肯定科学具有正面的价值，这是科学主义的基本信念。对科学主义来说，科学意味着理性、文明、进步、效率，等等，它不仅是一种外在的善（作为手段的善），而且有其内在的价值。在近代的启蒙过程中，科学的追求往往与民主、自由等理念相互融合，构成了一般的价值理想。作为价值理想与价值原则，科学同时被赋予普遍的范导功能，并制约和影响着社会的历史进程。就天人（自然与人）关系而言，科学的理想内含着按科学的图景变革自然的要求，对科学价值的强调，往往逻辑地引向了对自然的征服、支配；而在科学主义的形式下，支配和征服自然的要求常常又与片面或狭义的人类中心的观念纠缠在一起。①

---

　　①　这里似乎可以对片面或狭义的人类中心论与广义的人类中心论作一区分。宽泛而言，人类当然无法完全避免"以人观之"，所谓生态危机、环境问题等在实质上都具有价值的意味：生态、环境的好否，首先相对于人的存在而言，无论维护抑或重建天人之间的和谐关系，其价值意义最终都在于为人自身提供一个更完美的生存背景，就此而言，广义的人类中心似乎难以完全超越。然而，在片面或狭义的形态下，人类中心论所关注的往往仅仅是当下或局部之利，而无视人类的整体（包括全球及未来世代的所有人类）生存境域，由此所导致的，常常是对人的危害和否定，这一意义的人类中心论，最终总是在逻辑上走向了自己的反面，它也可视为狭隘的人类中心论。

就社会本身的运行而言,科学主义的价值取向则往往具体化为技治主义的要求,①近代以来的科层制及与之相联系的程式化、形式化操作,可以看作是技治的具体形式之一,哈耶克(F. A. Hayek)曾将科学主义关于社会的这种看法称为"工程学的观点"。② 主义的如上看法在把人机器化以后,又进一步将社会机器化了,由此导致的,是所谓技术形态的社会(技术社会)。

由价值原则进一步扩展和外推,科学主义便涉及广义的文化立场。就知识领域而言,科学往往被视为唯一可靠的知识形态,并由此获得了一种优先的地位,而人文的、叙事的知识则因其非科学性而受到了贬抑;换言之,科学似乎既是知识合理性的评判标准,又是知识合法性的衡量尺度,唯有进入科学之域,知识才具有合理性并获得存在的合法性。③ 实证主义追求科学的综合及科学的统一性,既指向科学的一体化,亦以建立统一的科学霸权为其内在的历史意向:科学在被置于优先地位之后,不仅成为一种理想的范型,而且获得了权威的性质。与之相联系,借助科学的权威以增强某种论点的分量和说服力,便成为科学主义的表现形式之一。④ 对科学权威的这种崇尚,蕴

---

① 齐曼(Ziman)已指出:"政治的唯科学主义的最宏伟的形式就等同于技治主义。"参见〔英〕约翰·齐曼:《元科学导论》,长沙:湖南人民出版社,1988 年,第269 页。

② F. A. Hayek, *The Counter-revolution of Science: Studies on the Abuse of Reason*, Glencoe, IL: The Free Press, 1952, p.166.

③ 米泽斯(R. von Mises)甚而将文学中的叙事诗、小说比作物理学的思想实验,其中亦表现出以科学裁套各个文化知识领域的趋向。参见 Richard von Mises, *Positivism: A Study in Human Undrestanding*, Cambridge, MA and London: Harvard University Press, 1951, p.291。

④ 参见 Cameron and D. Edge, *Scientific Images and Their Social Uses: An Introduction to the Concept of Scientism*, London: Butterworth, 1979。

含着以科学统一整个知识领域及文化领域的趋向。

科学的权威渗入实践领域,便具体化为科学万能的信念。按照科学主义的理解,科学不仅在知识领域具有优先的地位,而且在实践领域中也是无所不能的,人类面临的一切问题,唯有借助科学的力量才能解决。作为一种信念,科学主义的如上看法具有广泛的影响,在尼赫鲁的以下论述中,我们便不难看到这一点:"只有科学才能解决饥饿和贫困、疾病和失学、迷信和过时的传统习惯、资源的巨大浪费、富国中的贫富差别等问题。……忽视科学所造成的后果是谁也承担不了的,在每一次转折关头,我们都在寻求科学的帮助。……未来属于科学、属于能与科学为友的人。"①尼赫鲁是政治家而不是哲学家,但他的以上表述却展示了一种认同科学主义的文化哲学立场。顺科学则昌,逆科学则亡,在科学主义的文化视野中,科学被理解为决定社会发展的主导力量。

要而言之,科学主义可以看作是哲学观念、价值原则、文化立场的统一。在哲学的层面,科学主义以形上化的世界图景和实证论为其核心,二者似相反而又相成;在价值观的侧面,科学主义由强调科学的内在价值而导向人类中心论(天人关系)与技治主义(社会领域);在文化立场上,科学主义以科学化为知识领域的理想目标,并多少表现出以科学知识消解叙事知识与人文知识的趋向,与之相联系的是以科学为解决世间一切问题的万能力量。在科学主义的形式下,科学成为信仰的对象。密德格雷(Midgley)曾认为,在 20 世纪的西方文化中,科学有时满足了以往由宗教来满足的需要,②这里的"科

---

① 引自 Tom Sorell, *Scientism: Philosophy and the Infatuation with Science*, London and New York: Routledge, 1991, p.2。

② 参见 Casper Hakfoot, "The Historiography of Scientism: A Critical Review", *History of Science*, Vol.33, December, 1995, p.388 (London)。

学"如果代之以科学主义也许更为确切。当然,在信仰和膜拜科学、并把科学视为万能的力量的同时,科学主义往往对存在的人文意义疏而远之,就此而言,它似乎又不同于一般意义上的宗教。科学的信仰化与存在意义的漠视相互交错,使科学主义呈现出颇为复杂的外观。

以上当然是一种分析的解说,其中包含了理想化的处理方式;它在相当程度上已略去了科学主义的多样形式。就现实的形态而言,科学主义并不一定以这种纯化的形式出现。然而,在肯定科学的价值高于人类知识的其他分支,强调科学万能这一点上,科学主义确乎又有相近的趋向。索雷尔(Tom Sorell)曾给科学主义下了如下定义:"科学主义是一种信仰,它认为科学,特别是自然科学,是人类知识中最有价值的部分——之所以最有价值,是因为科学最具权威性、最严密、最有益。"[1]这一定义大致反映了科学主义的一般特征。[2]

尽管科学主义的概念主要在 20 世纪才得到较为广泛的运用,但作为一种哲学观念和价值原则,其思想的萌发则可以上溯到近代。当培根确信知识就是力量、伽利略提出数学化的世界图景时,科学已在某种意义上向"主义化"迈出了历史性的一步。科学的提升及其向主义的泛化,一开始便交织着科学与宗教的错综关系。从总体上看,宗教指向的是超自然的对象,科学则首先关注自然之域;宗教以信仰

---

[1] Tom Sorell, *Scientism: Philosophy and the Infatuation with Science*, p.1.

[2] 郭颖颐曾把唯科学主义区分为两种表现形式,其一为"唯物论的唯科学主义",其二为"经验主义信条的唯科学主义",前者"认为人类与自然的其他方面即物理科学的自然并无不同",后者"把科学作为一种最好的东西,并把科学方法作为寻求真理和知识的唯一方法来接受"。(〔美〕郭颖颐:《中国现代思想中的唯科学主义(1900—1950)》,南京:江苏人民出版社,1989 年,第 19—20 页)事实上,就科学主义的现实形态而言,这两种常常是交错重叠的,郭氏以此来划分中国近代的科学主义,不免显得机械生硬。

为特征,科学则追求理性的认知。与之相应,科学的进步,往往意味着对宗教的超越,事实上,近代科学的凯歌行进,确乎以经院哲学和神学时代的终结为历史前提。但另一方面,宗教又在某种意义上内含着人文的关切:彼岸世界的追求固然超越了现实的人世,但它在更深的层面又内含着人的终极精神寄托;相形之下,科学在以理性精神拒斥宗教信仰的同时,则容易使理性本身疏离人文之域。随着科学的主义化,理性与人文的分离往往进一步趋向于理性的工具化。

科学的发展与思想的启蒙总是相辅而相成,在宽泛的意义上,科学本身亦构成了近代启蒙思潮的一个方面。启蒙运动以民主、平等、自由、进步等为基本的理念,其中蕴含着普遍的价值取向:它在某种意义上以民主、自由等价值原则否定了权威主义、神学独断等前近代的观念;不妨说,启蒙运动本质上旨在实现价值观念的转换。作为启蒙运动的一个方面,科学也相应地被赋予某种价值的规定。科学的这种价值内蕴构成了科学主义的理论前提之一,并随着科学主义的形成和展开而逐渐突出与强化。

从近代的历史进程看,科学的形上化同时也折射了科学本身的历史作用。如前所述,科学的起源可以追溯到近代以前,但它在变革世界中的作用,却只是到了近代才真正得到了充分的展示。科学既改变了世界,又构造了世界:它在某种意义上提供了一幅与本然存在不同的世界图景;而这一现象正是近代以来的显著特点。海德格尔已注意到了这一点:"世界图象并非从一个以前的中世纪的世界图象演变为一个现代的世界图象;毋宁说,根本上世界成为图象,这样一回事情标志着现代之本质。"①近代以来的这种科学的世界图景一旦

---

① 〔德〕海德格尔:《世界图象的时代》,《海德格尔选集》,上海:上海三联书店,1996 年,第 899 页。

形而上化,往往不仅衍化为本体论的视域,而且亦成为价值观上的设定;换言之,科学的世界图景既被理解为本体论意义上的存在形态,又被视为价值观上的应然(应当达到的理想之境)。

作为一种哲学思潮和广义的文化、价值观念,科学主义并不是西方特有的现象。在中西文化交汇的历史过程中,科学主义同样构成了中国近代一种引人注目的思想景观。从理论渊源看,中国近代的科学主义当然受到了近代西方观念的多方面影响,但它又并非仅仅是西方思想的简单移入;在其深层面内在地蕴含着某种传统的根据。就历史源头而言,中国近代科学主义的某些观念可以追溯到17、18世纪,亦即所谓明清之际及清代中期。这一时期重要的文化变迁首先表现为与传教士东来相联系的西学东渐。传教士的本意当然是为了布道,但异域信仰与中国固有观念之间的紧张,使外来教义的接受与流播一开始便面临着种种困难。为了叩开华夏精神世界的大门,传教士不得不借助某些宗教之外的手段,科学便是其中重要的一种。相对于终极层面的信仰,科学无疑更多地具有普遍性的特点:信仰作为价值追求,在不同的文化圈可以呈现极为不同的向度,但科学原理却常常超越了价值取向上的差异而普遍地适用于不同的文化圈。科学的这种普遍性品格,使它对不同文化背景下的知识界都可以产生某种向心力;而以科学的引入为前导,则多少能够缓解价值冲突对传教的心理排拒。这样,形而上的天主教义与形而下的科学便戏剧性地走到了一起。就科学而言,明清之际思想家的关注之点首先在于科学之"用",由科学之"用",又进而指向科学知识借以获得的思维方法,其中逻辑、数学方法与实证的原则被提到了尤为突出的地位。不过,在接受西方的实证科学方法的同时,明清之际的思想家又表现出将实证科学普遍化和泛化的趋向,并由此对形上的思辨哲学与形下的科学(包括科学方法)作了多方面的沟通,这一演化过程,已预示了近代科学思潮的历史走向。

西学在明清之际的东渐,使科学的价值得到了较多的关注。与之似乎前后呼应,传统的经学也开始发生某种折变,后者具体表现为一种实证化的趋向,在乾嘉学派那里,经学的实证化取得了更为成熟的形态。乾嘉学派可以看作是清代学术的主流,尽管其研究对象仍以传统的经典为主,但在学术取向上,却开始由形而上的义理之学,转向形而下的考据之学。作为经学的转换形态,清代考据学揭橥实事求是的原则,主张面向本文与遍搜博讨,其治学方法体现了会通义例(归纳)与一以贯之(演绎)、逻辑分析与事实验证、无证不信(存疑原则)与大胆推求(创造性思考)的统一,与之相联系的是溯源达流的历史主义精神。这种方法论原则在注重实证、严于逻辑推论等方面,与近代的实证科学确乎有相通之处,它扬弃了宋明心性之学的思辨性,在相当程度上使经学获得了某种实证的品格。经学的这种实证化趋向在一定意义上为中国近代对实证科学的普遍推崇和认同作了理论的准备和历史的铺垫。事实上,近代具有科学主义倾向的思想家(如胡适)在提倡科学精神、引入近代科学方法之时,便常常将这种精神及方法与清代学者的治经方法加以沟通,以获得传统的根据。这种现象从一个侧面表明,中国近代对科学的礼赞和认同并非仅仅是近代西学东渐的产物,它同样有其传统的根源。

然而,具有历史与理论意味的是,在经学的实证化过程中,文字、音韵等科学本身似乎也经历了由"技"到"学"的演化。在传统儒学中,语言、文字、天文、历算等本来属于具体的"技"或"艺",清代学者在从理学返归经学的前提下,进而以小学(语言文字、音韵学等)、天文、历算等具体科学为治经的主要手段,并将科学的治学方法与经学研究融合为一,与之相应,科学也开始作为经学的一个内在要素而获得了自身的价值。这一转换过程,与明清之际西方科学的东渐彼此相关,它一方面从经学内部促进了具体科学的成长,并形成了附庸蔚为大国的独特学术格局;另一方面也使科学的价值地位得到了提升:作为经学的内在要素,文字、音韵、天文、历算等具体科学已开始从"技"步入"道"的领域。这种演化过程似乎又蕴含着在另一重意义上承诺形而上学的趋向,事实上,清代学者便一再批评"但求名物,不论圣道"①,即反对仅仅停留于实证研究,而未能进而把握普遍之。这里已多少内含了将名物训诂等实证研究与形而上追求加以沟通的意向,后者可以看作是近代科学观念变迁的历史前导。

19 世纪中叶以后,随着近代化过程的发轫,西方的科学也逐渐被引入中国。这是继明清之际以后西学的再度东渐,而它所产生的文化影响,则更为深远。历史地看,以坚船利炮为前导的西方文明,首先以"器"和"技"的形态呈现于晚清士大夫之前,而近代知识分子对西方文明的理解,也是从"器"与"技"开始的。这一点同样制约着早期的近代知识分子对科学的理解。在"师夷之长技以制夷"的主张中,西方文明(包括科学)主要便被理解为技,而从思想发展的内在逻辑看,以"技"治夷又可以视为乾嘉时期以"技"治经的历史延续,这里可以再次看到近代科学观念演变的传统根据。

在尔后的洋务知识分子中,科学逐渐由器和技提升为格致之学。在器与技的层面,科学的价值主要以外在的形式得到展示;以数学、电学、光学等为存在方式的格致之学,则开始取得理论的形态。从师夷长技,到格致为基、机器为辅,对科学的认识已超越了器与技,而走向了学与理。作为理论形态的存在,科学已不再仅仅附着于有形的器,而是获得了相对独立的意义。它为科学的价值在观念层面得到认同与提升,提供了历史和逻辑的前提。从技到学这一认识过程在

① 〔清〕阮元:《拟国史儒林传序》,《揅经室一集》卷二。

某种意义上再现了明清之际思想家的思维历程,但二者的历史背景却又并不相同:19 世纪的视域转换,乃是以自强图存和走向近代为其动因。同时,晚清对格致之学的注重,在逻辑上表现为清代"以技治经"及"以技制夷"的历史承继。从内涵上看,以技治经之中的"技",本来便已与"学"相互交错,技与学的这种历史联系,也制约着晚清知识分子对科学的理解:在科学观念从技到学的提升中,多少可以看到向技与学交融的某种回复。不过,洋务知识分子对科学的理解,在相当程度上又受到中学为体西学为用观念的制约。所谓西学,首先便是指格致之学,而中学则涉及文化深层面的传统价值系统。在中体西用的思维定势下,对科学的价值认同,总是受到某种限制,而"技"亦难以完全达到"道"。

19 世纪后期,维新思想家开始登上历史舞台。较之他们的前辈,维新思想家更多地将目光由形而下的器与技,转向了思想、观念、制度等层面,与之相应,对科学的理解和阐发,也往往与世界观、思维方式、价值观等相互融合。以影响广泛的进化论而言,伴随着从进化论到天演哲学的衍化,作为科学的进化论开始获得了普遍的世界观意义。与之相呼应,物理学领域的电气、以太及算学、几何学也常常引向平等、自主等观念,而在二者的沟通中,科学逐渐渗入政治理念。此外,从破天地旧说的前提出发,天文学说被理解为精神境界、理想人格的根据和前提,而科学则进而向人生领域扩展。在如上层层的泛化过程中,科学开始由技、学,提升到了道的形态。这种道,已不仅仅是就自然对象的普遍联系而言,它同时亦被赋予某种世界观和价值观的意蕴。

科学由"技"而"道"的演进,可以看作是一个逐渐形而上化的过程。20 世纪初叶,随着科举制的废除及新式学校的兴起,科学逐渐在社会教育系统中占有了一席之地,而科学观念的认同也相应地获得了较为普遍的基础。五四前后,在各种"主义"的引入和论争中,经过不断泛化的科学开始进一步被提升为一种主义,并多方面地渗向知识学术、生活世界、社会政治各个领域。在追求知识、学术统一的努力中,科学趋向于在知识领域建立其霸权;以走向生活世界为形式,科学开始影响和支配人生观,并由此深入个体的存在领域;通过渗入社会政治过程,科学进而内化于各种形式的政治设计,而后者又蕴含着社会运行"技治"化的趋向。科学的这种普遍扩展,既涉及文化的各个层面,又指向生活世界与社会领域。随着向各个社会领域的这种扩展,科学的内涵也不断被提升和泛化:它在相当程度上已超越了实证研究之域而被规定为一种普遍的价值—信仰体系。

就知识学术领域而言,科学向不同知识领域的泛化,是以经学的终结为前提的。经学的终结作为一种历史现象,似乎包含二重意义:一方面,随着经学独尊时代的过去,各门学科的分化与独立逐渐成为可能;另一方面,在学术思想的领域,向经学告别又意味着传统的统一模式的解体。学术与知识领域的分化,逻辑地引发了不同知识领域的相互关系问题;原有统一形态的解体,则使如何重建学术、知识与思想的统一变得突出起来。20世纪初的一些中国思想家以科学的普遍渗入和扩展来沟通各个知识领域,无疑表现了重建学术与知识统一的趋向。然而,颇有历史意味的是,作为知识统一主要形态的科学,在某种意义上似乎成为一种新的"经学"。

20世纪20年代的科玄论战,使科学主义的人生观得到了具体的展示。在科学主义的视域中,人更多地表现为理性的主体和逻辑的化身,人的情感、意志、愿望等经过理性与逻辑的过滤,被一一净化,而人自身在某种意义上则成为一架科学的机器。与这一科学视野中的人相应,人生过程亦告别了丰富的情意世界,走向由神经生理系统及各种因果法则制约的科学天地:科学的公式代替了诗意的光辉,机械的操作压倒了生命的涌动。不难看到,随着科学向生活世界的渗入,人生观似乎变得漠视人本身了。

向社会政治领域的渗入,是近代科学主义的另一趋向。从近代历史的演进看,严复提出"开民智",试图通过传布实测内籀之学、进化理论(天演哲学)、自由学说等而使社会普遍地接受近代的新思想,以实现维新改良的政治理想。这里已不仅开始把科学的观念与社会的变革联系起来,而且表现出以理性的运作影响社会的趋向。五四时期,科学与民主成为启蒙思潮的两大旗帜,如果说,民主的要求作为维新改良的继续,更多地指向社会政治的变革,那么,科学的倡导则更直接地上承了"开民智"的主张;科学与民主的双重肯定,无疑亦从一个方面确认了科学理性在社会变革中的作用。科学功能在社会领域的进一步强化和扩展,便逻辑地蕴含着导向某种"技治"主义的可能。①

除了人生、社会政治的领域,科学主义的影响还广泛地体现于史学、方法论、哲学等方面。以史学研究而论,首先可以一提的是古史辨中的疑古派。疑古派以理性的存疑、评判精神和实证的态度、方法解构了传统的古史系统,也以这种理性精神和实证态度解构了传统的价值系统。无论是理性的精神,抑或实证的态度,都涵盖于广义的科学观念之下;从而,对古史与传统价值体系的解构,亦可视为科学观念的展开。前文已一再提到,20 世纪初的科学,已逐渐获得了价值—信仰体系的意义,疑古派在运用科学方法进行实证研究的同时,似乎又从一个方面凸现了科学的价值观意义。古史讨论与差不多同时的科玄论战彼此呼应,使科学之"道"既制约了形而上的人生观,又

①　在走向现代的过程中,我们确实可以一再看到这种趋向,直到现在,在各种形式的"工程"(文化工程、社会工程等)中,仍不难注意到这一点。

渗入了史学这一具体知识领域。尔后的史料派进而以史料学限定史学,悬置史料整理、语言分析之外的理论阐释,并把生物学、地质学等经验科学视为史学的样板,要求将历史语言学建设得和生物学、地质学一样,试图以此实现史学的科学化。

科学与哲学的关系,是 20 世纪初思想界关注的重要理论问题之一。20 年代的科学与玄学论战虽然以人生观为其主题,但亦涉及了科学与哲学之辨,而在此前及此后,科学与哲学的关系也一再成为沉思的对象。当哲学被置于科学主义的视野之下时,科学化便往往成为追求的目标;而哲学的科学化,往往又伴随着科学的哲学化。后者赋予科学以某种形而上的品格,并使之在更普遍的意义上君临思想与文化领域。

科学与人生、科学与史学、科学与哲学等关系的规定和辨析,主要从生活世界及文化价值领域等方面展示了科学的普遍涵盖性和科学的无上尊严。就科学本身而言,方法往往又被赋予某种优先的地位;所谓科学的万能,首先常常被理解为科学方法的万能。对科学方法的推崇和考察,具体展开为关于科学研究程序、规范等的理性化界定,这种理性的运作规则和方式,同时被视为合理的知识所以可能的条件;它从一个更为内在的方面表现了对科学普遍有效性的信念及科学合理性的追求。在科学方法的独尊中,科学在更内在的层面上被看作是合理性的象征,并进一步成为膜拜的对象。

在科学被赋予至上价值的背景下,中国早期的马克思主义者似乎也受到了科学主义思潮的某种影响,从陈独秀以科学代宗教、邓中夏以科学代哲学,到郭沫若等以科学方法治史,等等,都表现了这一点。"科学的"常常成为"正确的"代名词,这种观念后来往往也渗入到了具体的实践过程,其中包含多重历史意蕴。

中国近代科学的形上化过程既有传统的渊源,又伴随着西学的东渐。就其表现形态而言,它无疑具有科学主义的一般特征,但同时又有自身的特点和独特的历史意义。从时间上看,中国近代的科学主义与西方的科学主义具有某种同时代性:在西方,尽管科学主义的历史源头可以追溯到16、17世纪,但经典形态的科学主义则首先与实证论相联系,而实证论大致崛起于19世纪中叶,并衍化展开于19世纪后期及20世纪前期;中国近代的科学主义基本上也形成于这一时期。然而,二者所处的历史背景却并不完全相同。当西方的科学主义取得较为完备和成熟的形态时,近代启蒙的历史过程大致已经完成或接近完成,推崇科学的意义主要已不是以理性主义、实证精神等抗衡经院哲学、神学独断论等,而是更多地被引申为技术社会的规范观念。相形之下,中国近代科学主义兴起之时,经学独断论的思维方式、权威主义的价值原则等前近代的观念依然深深地影响着人们的思想和行为,这一具体背景,使中国近代的科学观念及与之相联系的实证精神、理性原则等同时呈现出历史的启蒙意义。同时,以科学的推崇为前提,逻辑、实验方法也开始受到前所未有的关注,它对于克服传统思想在这方面的内在弱点,同样具有不可忽视的作用。此外,科学向哲学的某种趋近(如进化论之转换为天演哲学,等等),也往往为近代社会的变革提供了一种观念的支持。科学信仰与思想启蒙、科学观念与逻辑及方法论、科学认同与价值体系的重建等联系,似乎赋予中国近代的科学主义以不同于西方科学主义的内涵。

科学主义的展开在20世纪的中国自始伴随着走向现代的历史过程,在肯定科学具有"无上尊严"的背后,往往蕴含着对现代性的维护,正是在这里,呈现出科学派提升并泛化科学的另一重意义。现代性(modernity)与现代化(modernization)的内涵既相互联系,又有所区别。现代化侧重于广义的社会变革,包括以工业化为基础的科学技术、经济结构、社会组织、政治运作等一系列领域的深刻转换;现代性则更多地涉及文化观念或文化精神,包括思维方式、价值原则、人生取向等等,而这种文化精神和文化观念又常常与近代以来的启蒙主义和理性主义联系在一起。现代性既以观念的形态折射了现代化进程中的社会变革,又对现代化过程具有内在范导意义;相应地,对现代化的疑惧,往往表现为对现代性及与之相关联的启蒙主义的批评。在20世纪的后半叶,西方的文化保守主义和所谓后现代主义曾从不同的角度对现代性提出责难,这种批评固然展示了不同的立场,如后现代主义较多地表现出悬置理性主义传统的倾向,而麦金泰尔等则在批评启蒙运动以来的伦理观念的同时,又提出了回到传统(亚里士多德等)的要求,但二者在质疑现代性这一点上又相互趋近。现代性,特别是现代西方文化—价值形态下的现代性,当然亦有其自身的问题,它所包含的技术理性过强等偏向,常常容易引发对人文价值的疏离,然而,对正在由前现代走向现代的近代中国而言,现代性无疑又体现了某种新的历史发展趋向。从后一方面看,较之近代文化保守主义(包括玄学派)由责难科学而消解现代性,科学主义对现代性的维护固然存在种种片面性,但同时亦似乎较多地展示了某种时代意识。

然而,如前所述,科学在泛化之后,往往也容易导致科学本身的异化。科学按其本性具有批判的性质,它拒斥独断的教条,要求一切都经受理性的评判,但在"主义化"之后,却常常被规定为真理的化身,并蜕变为独断的权威;作为启蒙思潮的重要构成,科学在对超验之神的否定与人的力量的肯定中,也内含着某种人文的关切,但随着它向生活世界和人生领域的渗入,它似乎又趋向于将人非人化;就其历史发生而言,科学与人的存在息息相关:实践的历史需要往往为科学的起源和发展提供了最本原的动力,而这种需要又关联着价值界,然而,科学的形上化,又一再使工具理性压倒了价值理性;如此等等。

科学的这种异化,普遍地存在于不同形式的科学主义(包括中国近代的科学主义)之中,而如何重新对科学作合理的定位,则是反思科学主义之后无法回避的问题。

科学的异化这一现象之后所隐含的,是科学与人文、知识与价值、技术与生活等多重紧张关系,克服科学的异化,意味着超越以上的对峙和紧张。科学与人文在前近代曾以统一的形态存在,但这是一种未经分化的原始形态的统一。近代以后,科学与人文开始由合而分,这种分化在科学主义那里逐渐引向了二重知识、二重文化、二重领域的疏离和对峙,它不仅导致了文化的冲突,而且也引发了存在的分裂。科学与人文从分离走向统一的过程,既指向广义的文化整合,又意味着扬弃存在的分裂,恢复存在的二重相关向度;质言之,回归具体的存在方式。

科学与人文的分野,内在地蕴含着不同意义上的理性追求,这里所谓不同意义上的理性,首先表现为工具理性与价值理性之分。科学主义突出的主要是工具意义上的理性化,它以有效性为指向,并往往将智慧消解于知识,从而导致智慧的遗忘和人的片面化。从终极的层面看,理性化的真正内涵应当是人本身的全面发展。所谓全面发展,既指知情意的相互协调,也包括知识与智慧、认识世界与认识人自身、变革世界与成就自我(成己与成物)的统一,而以上统一同时又展开于人的存在与对象世界彼此互动、主体之间相互理解和沟通的历史实践之中。

合理性的不同追求与世界本身的分化往往具有某种对应性。工具理性所认同的,是科学的世界图景,而人文的关切则与生活世界难以分离。科学主义将科学的世界图景视为唯一真实的存在,不仅引向了对世界的抽象理解,而且难以避免科学与人文、理性与价值、生活世界与科学图景的对峙。超越以上分离和对峙的现实途径,在于返归"这个世界"——回到生活世界。这里所谓生活世界,可以广义地视为人的实践与认识展开于其间的具体存在。回归这个世界当然并不是拒斥或疏离科学的世界图景,它应当更全面地理解为科学的世界图景与生活世界的统一。正是如上统一,构成了化解科学与人文、工具理性与价值理想之间紧张的历史前提和本体论的基础。

# 第一章

# 历史的先导（一）：
# 明清之际西方科学的引入

　　历史地看，中国近代科学观念变迁的源头，可以追溯到明清之际。这一时期，随着传教士的东来，中西文化开始了具有历史意义的接触。传教士的本意当然是为了布道，但异域信仰与中国固有观念之间的紧张，使外来教义的接受与流播一开始便面临着种种困难。为了叩开华夏精神世界的大门，传教士不得不借助某些宗教之外的手段，科学便是其中重要的一种。相对于终极层面的信仰，科学无疑更多地具有普遍性的特点：信仰作为价值追求，在不同的文化圈可以呈现极为不同的向度，但科学原理却常常超越了价值取向上的差异而普遍地适用于不同的文化圈。科学的这种普遍性品格，使它对不同文化背景下的知识界都可以产生某种向心力；而以科学的引入为前导，则多少能够缓解价值冲突对传教的心理排拒。这样,形而上的天主学说与形而下的科学便戏剧性地走到了一起,二者的这种交融和纠缠,似乎也预示了明清之际中国知识界对科学理解的多重向度。

## 一　作为技的西学

传教士引入西方科学之时,在某种意义上正是中国需要这些科学之日。这一点,首先体现于历法领域。明代历法,一直使用大统历(亦即元代的授时历)及回回历。随着时间的推移,这种历法误差渐大,已无法适应需要。万历年间,钦天监的推算屡屡失误,已有改历之议。与之形成对照的是,运用当时传入的西方历法知识,却能获得比较准确的测算结果。崇祯二年五月(1629 年 6 月),钦天监以旧历(大统历、回回历)推测日蚀,但未能应验;徐光启以西法测算日蚀,却得到了证实。这种情况表明,西方的历法知识在当时确有其优于旧法之处。正是在这一背景下,徐光启受命主持修改历法的工作,而修改历法的首要步骤,便是委托龙华民、邓玉函以及汤若望等耶稣会士翻译编集西方的天文学著作,著名的《崇祯历书》,即是这一工作的具体成果。

除了历法,火器制造亦是与西学关系较为密切者。晚明边患日重,如何有效抵御外来侵扰,成为时代的重要问题之一,武器的改进也因此逐渐为朝野所关注。西方的火器因其良好的性能而格外受到重视:"万历间,论兵器之制作者,无不称引其术。"[1]徐光启、李之藻等都颇精于西洋火炮等器的制作。徐光启的门人孙元化还以西法制炮数百门,用于戍边。

---

① 　张维华:《明清之际中西关系简史》,济南:齐鲁书社,1987 年,第 225 页。

此外尚有治河、修水利，等等，亦皆为一时急务，而泰西之学如《测量法义》等往往被运用于此类工程。不难看出，西学在以上实际操作中所表现出来的作用，首先取得了"技"的形式。这一历史特点，决定了明清之际的士人对西学的关注之点，最初也较多地指向"技"这一层面。明末王徵曾与邓玉函一起翻译《远西奇器图说录最》一书，对西洋的"器"与"技"赞叹不已。在该书的译序中，王徵便一再流露出推崇之意："诸奇妙器无不备具。有用人力、物力者，有用风力、水力者，有用轮盘，有用关捩者，有用空虚，有即用重为力。种种妙用，令人心花开爽。"①时人曾以"君子不器"的传统观念批评王徵对"技艺"的这种注重，王徵应之曰：

> 学原不问精粗，总期于有济于世人；亦不问中西，总期不违于天。兹所录者，虽属技艺末务，而实有益于民生日用，国家兴作甚急也。②

技与用相联系，它总是表现为达到和实现某种社会需要的手段。由西学之"用"而注重西学之"技"，体现了明清之际士人对西学的一般态度。

作为明清之际学人的重要代表，徐光启对西学之用同样极为关注。他曾与利玛窦一起翻译《几何原本》，这是一项十分繁难的工作，而他所以承担这一译事，缘由之一便是出于对用的考虑："此书为用至广，在此时尤所急须。"③相对于实用性的工程学，几何作为数学的

---

① 〔明〕王徵：《远西奇器图说录最·序》，《王徵遗著》，西安：陕西人民出版社，1987年，第219页。

② 同上书，第220页。

③ 〔明〕徐光启：《几何原本杂议》，《徐光启集》，上海：上海古籍出版社，1984年，第77页。

分支更多地具有抽象的特点,但即使这样一门相对抽象的学科,徐光启也注意揭示其中蕴含的实用价值。也是基于类似的看法,徐光启在翻译了《测量法义》之后,又对其作了发挥:"自余从西泰子译得《测量法义》,不揣复作句股诸义,即此法,底里洞然。于以通变施用,如伐材于林,挹水于泽,若思而在,当为之抚掌一快已。方今历象之学,或岁月可缓,纷纶众务,或非世道所急;至如西北治河,东南治水利,皆目前救时至计,然而欲寻禹绩,恐此法终不可废也。"[1]"救时至计"云云,突出的便是西方科学(测量法)的实际效用。

明清之际思想家的如上看法,与传统儒学显然有所不同。王徵的批评者以"君子不器"质疑王徵对技艺的关注,其立论的基点便是传统的儒学观念。"君子不器"一语出于《论语·为政》,所谓"不器",本来包含多重含义:与特定之器的功能总是单一化相应,"不器"之意在于不偏于一端;与器具有手段、工具性质相应,"不器"含有反对将人工具化之意;与"器"内在地关联着技艺相应,"不器"则意味着鄙视形而下的技艺。随着人伦之学、心性涵养等形上向度的展开,"君子不器"亦主要引向了对技艺的贬抑。在宋明时期,理学进而强调:"大端惟在复心体之同然,而知识技能非所与论也。"[2]与这一思维趋向相联系,科学技术的研究往往被视为玩物丧志,而注重功用的事功之学则常常被等同于异端。在这种背景之下,徐光启等明清之际的学者将"技"和"用"提到突出的地位,无疑具有某种转换视域的意义。这里固然折射了实学思潮涌动的时代特点,但它对科学价值的肯定,其内在含义显然又不限于一般的虚实之辨。

---

① 〔明〕徐光启:《句股义序》,《徐光启集》,第84页。
② 〔明〕王阳明:《传习录中》,《王文成公全书》卷二。

当然,从另一方面看,除了"君子不器"的传统外,以儒学为主导的中国文化还具有另一重维度:经世致用的取向。如果说,与君子不器相联系的心性之学主要表现了内圣的追求,那么,经世致用则更多地展示了儒学的外王之维。相对于宋明理学较多地关注于内圣之学,徐光启等明清之际的思想家似乎趋向于上接儒家的外王之源;在这一意义上,他们诚然由注目于"技"而偏离了君子不器的儒学向度,但并没有完全隔绝于儒家传统。不过,儒家的所谓经世致用,往往以王道等政治理念为范导原则,它所指向的,亦主要是治国平天下这一类的社会政治理想。相形之下,明清之际的思想家关注的首先是具体的科学技艺对"民生日用、国家兴作"的作用;同为经世致用,但二者的内涵又并不重合。

## 二 逻辑与思维方法的认同

西学在明清之际得到认同,固然首先在于它在"技"这一层面展示了其实用的价值,从而适应了当时的历史需要,但"技"本身的意义并不仅仅限于外在的"用"。当徐光启等思想家由西学之"用"进而反思其更内在的规定时,他们的目光便开始从具体的科学知识转向获得和达到这些知识的方法。

徐光启在主持修历的过程中,对"义理"与"法数"作了区分:

> 理不明不能立法,义不辨不能著数。明理辨义,推究颇难;法立数著,遵循甚易。即所为明理辨义者,在今日则能者从之,在他日则传之其人。①

---

① 〔明〕徐光启:《徐光启集》,第358页。

此所谓义和理,既是指天文、数学等知识领域的原理,又涉及一般的方法论原则;与之相对的法与数,则主要和具体的推算程序、范式等相联系。前者(思维方法意义上的义理)常常被比作金针,在徐光启看来,重要的便是使人从思维方法的层面把握西学的内核:"昔人云:'鸳鸯绣出从君看,不把金针度与人',吾辈言几何之学,政与此异。因反其语曰:'金针度去从君用,未把鸳鸯绣于人'。"①在这里,思维方法已被视为西学之中更为根本的方面。

从思维方法切入西学,首先表现为对数学的注重。明清之际的学者从不同的侧面考察了数学的作用,其中,徐光启在《刻同文算指序》中的论述颇具代表性:"算术者、工人之斧斤寻尺,历律两家、旁及万事者,其所造宫室器用也,此事不能了彻,诸事未可易论。"②在此,数学已被视为一切制作的基础。要求从数量关系上规定事物,并以此入手变革对象,无疑表现了某种科学的自觉。

以数制器,涉及的还是数学的外在规范功能。就方法论而言,数学的作用更内在地体现于明理过程。李之藻指出:

> 数于艺犹土于五行,无处不寓。耳目所接,已然之迹,非数莫纪;闻见所不及,六合而外,千万世而前而后,必然之验,非数莫推。③

直接经验的成果(耳目所接)唯有数学的方法才能概括整理,广而言之,直接经验之外的必然之理,也只有运用数学的方法才能推知。值得注

---

① 〔明〕徐光启:《徐光启集》,第78页。
② 同上书,第81页。
③ 〔明〕李之藻:《同文算指·序》,《同文算指前编》,北京:中华书局,1985年,第1页。

意的是,李之藻在此将数学方法与"必然之验"联系起来,亦即肯定了数学推论不同于或然性的经验归纳。通过数学推论而把握必然之理的过程,常常又被称之为"缘数寻理"①。王锡阐曾对此作了更为具体的发挥:"必以数推之,数非理也,而因理生数,即因数可以悟理。"②这种因数以明理的观念,在明清之际一代学人中具有相当的普遍性。

从科学的发展看,近代科学在方法论上的特点,在于将实验手段与数量关系的把握及数学推导融合为一体。经典物理学的奠基者牛顿在17世纪时,已自觉地注意到了这一点,认为近代科学研究的特点在于"舍弃其实体形状和隐蔽性质而力图以数学定律说明自然现象"③。明清之际的思想家所理解的数学方法与近代科学通过数学推导以建立数学模型等方法当然并不完全相同,但因数以明理的要求,在思维趋向上确实已带有某种近代的色彩,这种趋向,亦从一个侧面体现了西学对当时思想界的影响。

西学的如上影响,从当时学人对西方数学思想与著作的翻译介绍中,便不难看出。明清之际,出现了一系列重要的数学译著,如《几何原本》、《同文算指》、《测量法义》、《测量异同》、《勾股义》等等,而其中最为重要的当然是《几何原本》。该书原系欧几里德所著,是古希腊数学的一部总结性著作。但在中世纪,这部著作在欧洲并没有得到流传,其影响更多地存在于阿拉伯世界。直到12世纪,它才被欧洲人重新发现,并开始被翻译、介绍到欧洲。16世纪,利玛窦来华传教,也带来了《几何原本》。当时欧洲已出现了《几何原本》的很多注

---

① 〔明〕李之藻:《同文算指·序》,《同文算指前编》,第4页。

② 参见〔清〕阮元:《畴人传·王锡阐传》,北京:中华书局,1991年,第429页。

③ 〔英〕牛顿:《牛顿自然哲学著作选》,上海:上海人民出版社,1974年,第10页。

释本,利玛窦所带的,便是他的老师、德国数学家克拉维斯(C. Clavius)的拉丁文注释本。徐光启在得知此书及其价值后,便与利玛窦合作,于万历三十四年(1606年)翻译了该书的前六卷。从历史起源看,几何学是因测量大地及推算天体运行规律的需要而产生的,古希腊时代,它已初步形成了一个逻辑演绎的系统,在这一体系中,由经验归纳而获得的一般定律,成为演绎的前提,而证明则表现为一系列的推理过程。欧几里德则进而将几何推理的逻辑规则,概括为公理化的结构,这样,从主要的思维倾向看,《几何原本》展示的是一种演绎的系统。

当然,作为演绎系统,《几何原本》的形式逻辑思想主要体现于数学的推导过程之中。相对于此,《名理探》则更直接地表现为一种形式逻辑的体系。该书是当时欧洲大学的逻辑学教科书,其内容主要是介绍古希腊亚里士多德的逻辑学。明末天启六年(1626年),李之藻与传教士傅泛际(P. Furtado)合作,将此书译出,而其刻印,则在崇祯四年(1631年)。关于该书的内容,李之藻在《名理探·序》中作了概要地介绍:

> 其为学也,分三大论以准于明悟之用。盖明悟之用凡三:一直,二断,三推。《名理探》第一端论所以辅明悟于直用也;第二端论所以辅明悟于断用也;第三端论所以辅明悟于推用也。三论明而名理出。①

"直"略近于中国传统名学所谓指物之"指",相当于逻辑学中的概念,

---

① 〔葡〕傅泛际译义,〔明〕李之藻达辞,《名理探》,北京:生活·读书·新知三联书店,1959年,第4页。

"断"即判断,"推"则指推理;《名理探》所讨论的,主要便是概念、判断、推理等逻辑学的基本问题。就推理而言,《名理探》兼及远近二界:"设明辨之规,是近向界;循已设之规,而推演诸论,是远向界。"前者是从个别到一般的归纳推论,后者则是从一般到个别的演绎推论。总之,从概念到推理,《名理探》对经典逻辑的各个方面均作了系统的论述。

《几何原本》与《名理探》可以看作是明清之际引入与介绍西方逻辑与方法论的代表性著作。尽管《几何原本》成书于公元前三世纪,《名理探》的逻辑体系亦早在亚里士多德的时代已形成,但二者的内容已分别涉及近代公理化方法的基本原则及近代科学研究中逻辑思维的主要方面,因此,在方法论上,同样包含近代的向度。从这一意义上看,对《几何原本》及《名理探》等著作的译介,同时也意味着从思维方式上引入近代西学。事实上,明清之际的思想家对数学与逻辑方法的注重,亦并不限于制器等具体的需要,在更深的层面上,他们的着眼之点更在于思维方式上的转换。

在谈到几何学与致知的关系时,徐光启明确肯定:"几何之学,深有益于致知。"①这种"益",首先便体现于思维方法的训练之上。在同一文章中,徐光启对此作了具体的论述:

> 下学工夫,有理有事。此书(《几何原本》——引者)为益,能令学理者祛其浮气,练其精心;学事者资其定法,发其巧思,故举世无一人不当学。②

浮气往往与无根据的推断、仓促的结论等相联系,精心则以思维的严

---

① 〔明〕徐光启:《几何原本杂议》,《徐光启集》,第 77 页。
② 同上书,第 76 页。

密性为其特征。所谓祛其浮心、练其精心,也就是通过几何的学习,克服粗疏、虚浮的推论方式,提高思维的严密性。思维的这种训练不仅关联着知(明理)的过程,亦制约着行(处事)的过程;换言之,理性的知与实际的行,都离不开严密的思维方法。

几何学在提高思维严密性上的作用,与几何学本身的特点有着内在的联系。利玛窦曾从思维方法的角度对几何学的演绎过程作了阐释:"题论之首先标界说,次设公论,题论所据;次乃具题,题有本解,有作法,有推论,先之所证,必后之所恃。……卷与卷、题与题相结倚,一先不可后,一后不可先,奎奎交承,至终不绝也。初言实理,至易至明,渐次积累,终竟乃发奥微之义。若只观后来一二题旨,即其所言,人所难测,亦所难信。及以前题为据,层层印证,重重开发,则义如列眉。"①在推论过程中,首先要对概念作出明确的定义,以不证自明(至易至明)的命题作为大前提(公论),然后引入论题作为小前提,由此推出结论。这种结论本身又可以成为新的前提,继续推理;推演的程序,展开为一个前后相承、层层相推的过程,而在这种前后相连的推论中,又存在着必然的逻辑关系(一先不可后,一后不可先)。正是几何学内含的这种严格的逻辑性,决定了它能够有效地引导人们趋向思维的严密化,所谓"能通几何之学,缜密甚矣"②亦主要就此而言。

与《几何原本》一样,《名理探》的内在价值,也往往首先从思维方式的角度得到阐发。李之藻在《名理探·序》中,通过中西思维方法的比较,论述了《名理探》一书的方法论意义:

---

① 〔意〕利玛窦:《译几何原本·引》,《几何原本》,徐光启译,上海:上海古籍出版社,2011年,第9页。

② 〔明〕徐光启:《几何原本杂议》,《徐光启集》,第76—77页。

世乃侈谭虚无,诧为神奇,是致知不必格物,而法象都捐,识解尽扫,希顿悟为宗旨,而流于荒唐幽谬,其去真实之大道,不亦远乎? 西儒傅先生既诠《寰有》,复衍《名理探》十余卷,大抵欲人明此真实之理,而于明悟为用,推论为梯,读之其旨似奥,而味之其理皆真,诚也格物穷理之大原本哉。①

这里的侈谈虚无,主要是传统哲学中佛道及心学末流所表现出来的某种思维偏向,它的特点在于空疏不实,论而无据,其内容无法确证;与此相联系的顿悟,则是非理性的神秘直觉,这种直觉既远离对象世界,又缺乏逻辑的论证,其结论不免流于主观独断。相对于此,《名理探》所展开的形式逻辑体系,则注重严密的推论,一切新的结论,都建立在层层的推论基础之上。明清之际的学者对逻辑的推论相当重视,认为"明此真实之理","其道舍推论无由矣",而推论又必须合乎逻辑:"研理者,非设法推之论之,能不为谬误所复乎。推论之法,名理探是也。"②此所谓名理探,即 Logic(逻辑)的意译。就方法论而言,推论与独断似乎构成了对立的两个方面:非理性的顿悟、空疏的形上之论,往往并不以逻辑的论证为其前提,因而难以避免独断的性质。

从中国传统思想的发展看,相对而言,由于形式逻辑长期未受到充分的重视,推论在思维过程中的意义,亦未能得到适当的定位。以哲学思想的建构而言,中国历史上那些有创见的思想家固然也提出了独特的宗旨,并将其展开于各个方面,从而形成了实质的体系,但他们往往并不十分注意概念、命题之间严密的推论关系;换言之,中国哲学家比较注重实质的体系,而对形式的体系则相对忽视,这使其

① 〔葡〕傅泛际译义,〔明〕李之藻达辞,《名理探》,第 3 页。
② 同上书,第 4 页。

某些论点常常很难与独断的结论区分开来。明清之际的思想家将推论提到重要地位,对达到实质的体系与形式的体系的统一,并进而克服独断论,无疑具有不可忽视的意义。

严密的推论与概念、命题的辨析往往密切相关。在注重逻辑推论的同时,明清之际的思想家亦十分关注思维的清晰性。李之藻之子李次彪在《名理探·又序》中对传统哲学中某些思维偏向提出了如下批评:"研穷理道,吾儒本然。然世之拥臬比、谭修诣者,同异互标,醇疵竞骛,而统绪屡歧。"①传统儒学固然亦注重探求道和理,但其中往往出现概念界定不清、命题含义模糊等现象,彼此讨论时不免人持一义,论域互异,所谓"统绪屡歧",即是就此而言。李次彪的以上批评,已注意到传统哲学在概念辨析上不够严密这一思维特点,他之推崇《名理探》,则在于其中的逻辑思维原则有助于克服传统哲学在这方面的弱点。

概念的歧义与语言的模糊往往相互联系。明清之际,随着西学的东渐,西方在语言形式上的特点,也开始受到注意。西方语言的特点之一在于音与义的联系,一音常常对应于一字,一字又有相对确定的含义。中国古代的语言多通借,其结果往往一音多字,一字多义。针对这种现象,明清之际的哲学家方以智指出:"字之纷也,即缘通与借耳,若事属一字,字各一义,如远西因事乃合音,因音而成字,不重不共,不尤愈乎?"②这里重要的并不是引入西方语言系统的主张(这种主张的合理性本身是一个可以讨论的问题),它的值得注意之点在于提出了语言确定性的要求,所谓事属一字,字各一义,便是强调语言的内涵要有确定性。语言的确定性是思维严密性的逻辑前提之

① 〔葡〕傅泛际译义,〔明〕李之藻达辞,《名理探》,第 5 页。
② 〔明〕方以智:《通雅》卷一。

一,明清之际的思想家从语言的层面提出确定性的要求,由逻辑规则的规定而兼及语言形式的限定,无疑使思维严密性问题的探讨更为深入了。

除了以逻辑推论等来担保思维的严密性、避免独断等趋向之外,实测和实证是科学方法的另一个重要方面。当明清之际的学人从方法论的角度进一步考察西学时,实测和实证便成为他们的又一关注之点。在比较中西天文学时,凌廷堪指出:"西人言天者皆得诸实测,犹之汉儒注经必本诸目验,若弃实测而举陈言以驳之,则去向壁虚造者几希,何以关其口乎?"①此所谓"陈言",主要是指缺乏实证的传统之论;以实测否定陈言,表现了严于实证的要求。就天文历法而言,实测即在于用客观的天象验证推算的结果:"验于天而法犹未善、数犹未真、理犹未阐者,吾见之矣;无验于天而谓法之已善、数之已真、理之已阐者,吾未见也。"②逻辑推论与事实验证的并重,构成了明清之际思想家的重要特点。

从方法论上看,突出实测、实证,同时包含着拒斥超验思辨的要求。王夫之曾批评宋明一些理学家对五行的附会推绎:"先儒言《洪范》五行之序","尚测度之言耳"③。这里所说的测度之言,略同于玄学的思辨。在王夫之看来,对理的探求,应当建立在质测的基础之上:"盖格物者,即物以穷理,惟质测为得之。"④类似的看法亦见于明清之际其他一些思想家,如方以智即批评理学家"竟扫质测而冒举通几"⑤。质测即指向经验对象的实证性研究,通几则是形而上之学。

---

① 〔清〕凌廷堪:《复孙渊如观察书》,《校礼堂文集》卷二十四。
② 〔清〕王锡阐:《推步交朔·序》。
③ 〔清〕王夫之:《思问录·外篇》。
④ 〔清〕王夫之:《搔首问》。
⑤ 〔明〕方以智:《物理小识·自序》,上海:商务印书馆,1937年。

按王夫之、方以智等思想家之见,形而上的哲学沉思,不能脱离经验领域的实证性研究,穷理、通几与质测的统一,强调的便是这一点。这种立场,显然内含着以实证原则克服思辨哲学的趋向。一般而言,在传统哲学中,思维的非严密性、独断性等等,往往与思辨性相互关联,正如数学、逻辑推论的关注意味着对确定性、严密性的追求一样,实证原则的肯定,表现了超越思辨性的要求,二者从不同方面展示了西方科学方法引发下的视域转换。

## 三 质 测 与 通 几

在推重西方科学的逻辑方法、实证原则的同时,明清之际的思想家对西方科学往往也有所批评。王锡阐在比较中西历法时,曾指出:"夫历理一也,而历数则有中与西之异。西人能言数中之理,不能言理之所以同。"①这里,值得注意的并不是明清之际学人对西方历法的具体评价,而是其中所流露的对"同"的关注。"同"所表征的,主要是普遍性的品格,理之所以同,似乎已超越了具体的经验之域。不难看出,相对于科学对特殊对象的把握,对理之所以同的追问,多少蕴含着一种形而上的指向。

对"理之所以同"的关注,当然并不限于个别思想家。与王锡阐相近,方以智在肯定西方的质测之学的同时,也曾对西学提出责难:"彼详于质测,而不善言通几,往往意以语阂。"②通几所涉及的,就是最普遍层面的理之同,亦即形而上之域。在方以智看来,西学固然长于具体经验领域的研究,但对形而上问题的探讨(通几)并不足道,而

---

① 〔清〕王锡阐:《历说》(一),参见《晓庵遗书·杂著》。
② 〔明〕方以智:《物理小识》卷一,上海:商务印书馆,1937 年。

这种以普遍之理为对象的通几之学对方以智来说又是极为重要的方面。事实上，在方以智那里，通几诚然不能脱离质测，但它本身往往渗入质测之中。以声、光等自然现象的研究而言，方以智虽然读过介绍西方光学的《远镜说》，但在具体解释时，却诉诸"气"这一传统哲学的范畴："气凝为形，蕴发为光，窍激为声，皆气也。"①声、光本属具体经验领域的物理现象，气作为本体论或宇宙论的范畴，具有某种形而上的性质：它无所不在而又构成了万物的本源；以气解释光与其说是一种质测（科学）层面的规定，不如说是通几（哲学）的界说，这里似乎多少可以看到质测之学形而上化的趋向。

就更广的视域而言，在西学东渐之初，东西学人便开始从不同角度对中国传统的形上学与西学作种种的沟通。徐光启在介绍利玛窦所传入的西学时，曾指出：

> 顾惟先生之学，略有三种：大者修身事天，小者格物穷理，物理之一端别为象数，一一皆精实典要，洞无可疑。②

在此，格物穷理主要指质测之学（科学），利玛窦本人亦以格物穷理指称西方科学："夫儒者之学，亟致其知，致其知，当由明达物理耳。物理渺隐，人才顽昏，不因既明，累推其未明，吾知奚至哉！吾西陬国虽偏小，而其庠校所业格物穷理之法，视诸列邦为独备焉。"③以格致称科学，已启近代之先绪。但同时，格物穷理又常常被用来表示"费禄苏菲亚"，费禄苏菲亚即 Philosphia 的音译，意为哲学，如徐

---

① 〔明〕方以智：《物理小识》卷一，上海：商务印书馆，1937 年。

② 〔明〕徐光启：《刻几何原本·序》，《徐光启集》，第 75 页。

③ 〔意〕利玛窦：《译几何原本·引》，《几何原本》，北京：中华书局，1985年，第 1 页。

光启与毕方济合译的《灵言蠡勺》，即以"格物穷理"译"费禄苏菲亚"。这样，在明清之际，格物穷理既是一个实证科学的概念，又被规定为一个形而上的范畴；概念的这种交融固然与"格物穷理"本身的多义性相联系，但它同时亦折射了某种沟通形而下与形而上的理论意向。

实证科学与形而上学的如上沟通，亦体现于对逻辑与数学的理解之中。明清之际西方的逻辑学已通过《名理探》等著作而传入中国，这种逻辑固然首先被视为质测之学的新工具，但也往往同时被引向心性之学。李之藻在阐释《名理探》的意义时，便指出：

> 三论明而名理出，即吾儒穷理尽性之学，端必由此，其裨益心灵之妙岂浅鲜哉。①

此所谓三论，即《名理探》中直（概念）、断（判断）、推（推理）三论；穷理尽性之学，亦即传统儒学的心性形而上学。在李之藻看来，名理探（逻辑）之所以重要，缘由之一即在于它是研究心性的必由之路。在这里，裨益心灵已不仅仅是一般意义上的逻辑思维训练，而是同时与形而上的思辨纠缠在一起。类似的看法亦见于明清之际的另一些思想家，如徐光启在论几何学的意义时，便将其与德性的涵养联系起来，认为"学此者不止增才，亦德基也"②。在此，作为穷理之学的几何方法，便同时具有了一种形而上的意义。

对逻辑、数学的如上理解，已涉及质测与通几的关系。方以智在反对"扫质测而冒举通几"的同时，又从一个较为普遍的层面，对二者

---

① 〔葡〕傅泛际译义，〔明〕李之藻达辞，《名理探》，第4页。
② 〔明〕徐光启：《几何原本杂议》，《徐光启集》，第78页。

的关系作了概述:"不可以通几混质测,诅以质测废通几"①,"或质测,或通几,不相坏也"②。质言之,通几与质测相容而不相害。不过,通几与质测虽不可偏废,但又往往有所侧重。在更具体地讨论二者关系时,方以智进而指出:"质测即藏通几者也","通几护质测之穷"③。在此,通几似乎从双重意义上表现出其主导性:一方面,一切实证研究(质测)都包含着通几,换言之,通几作为内在的因素制约着质测;另一方面,具有普遍涵盖性的通几又可以克服质测的局限(护质测之穷)。在质测与通几的统一中,后者已呈现出某种优先性。

通几之学的优先性,使实证科学的研究有时也不免被注入形而上的内容。阮元在概述戴震的科学研究时,曾指出:"庶常(戴震)以天文、舆地、声音、训诂数大端,为治经之本,故所为步算诸书,类皆以经义润色,缜密简要,准古作者。"④此所谓经义,也就是形而上的经学义理。天文、舆地、步算(推步、历算)本来属实证科学之域,但在戴震那里,这些领域的研究却同时渗入了形而上的义理。这固然与戴震兼治哲学的背景有关,但其中亦可以看到实证科学与思辨走向的纠缠;后者从另一个侧面表现了明清之际对科学的某种形而上理解。

与科学的形而上理解相辅相成的,是对科学普遍作用的确信。梅文鼎在谈到历法时,曾指出:

> 心之神明,无有穷尽,虽以天之高、星辰之远,……而人辄知

① 〔明〕方以智:《占候类·占几》,《物理小识》卷二,上海:商务印书馆,1937 年,第 61 页。

② 〔明〕方以智:《物理小识·总论》,上海:商务印书馆,1937 年,第 3 页。

③ 〔明〕方以智:《愚者智禅师语录·示中履》。

④ 〔清〕阮元:《畴人传·戴震传》,第 542 页。

之;辄有新法以追其变,故世愈降,历愈之密。①

　　心之神明表征着理性的认识能力,新法则可以看作是科学发展的新形态。在梅文鼎看来,历算对天文现象的把握是一个无止境的过程,天象不管如何变化,都可以在历算理论的发展中得到解释。广而言之,科学的作用范围是无限的:所谓"心之神明,无有穷尽",已从理性认识能力的角度确认了这一点。

　　对科学作用的确信,不仅体现于质测之学与对象的关系中,而且亦展开于质测之学与其他知识领域的关系。作为明清之际科学思潮的延续,实测之学常常被用于经学研究。焦循在这方面提供了颇为典型的一例。焦循对中西数学都作过相当深入的研究,并撰有数学专著多部。在他那里,数学方法既被用于天文等现象的探索,也被用于经学,特别是易学的研究。在自述其治易过程时,焦循写道:"夫《易》,犹天也。天不可知,以实测而知。……十数年来,以测天之法测《易》,而此三者,乃从全《易》中自然契合。"②《易》作为六经之一,更多地表现为人文的经典,"测天之法"则属于实证科学的研究方法。焦循"以测天之法测《易》",其意在于以实证科学的法来研究作为人文经典的《易》。在传统的易学研究中,常可以看到所谓象数之学,其中往往充满了神秘的比附,焦循要求以实证的态度治易,无疑包含着拒斥这类象数比附之意。但从更广的思维趋向看,以测天之法治易,显然亦意味着实证科学方法的某种泛化:在测天与测易的沟通中,实测的方法超越了实证研究之域,而扩展到了一般的知识领域。科学的这种泛化,在一定意义上已开近代之先声。

---

① 〔清〕梅文鼎:《历学源流论》,《历法疑问》附录。
② 〔清〕焦循:《易图略·自序》,《雕菰集》卷十六。

与焦循相近,戴震也表现出将实证科学方法普遍化的倾向;在其哲学研究中,我们便不难看到这一点。戴震在哲学上的代表作是《孟子字义疏证》,相对于中国哲学史上某些其他论著,该书更多地展示了逻辑的严密性,而所以能如此,很大程度上便在于戴震尝试将几何学的方法引入此书。戴震对几何学有深入的研究,在为《四库全书》所撰的《几何原本提要》中,戴震对《几何原本》作了很高的评价,而在《孟子字义疏证》中,戴震也多方面地运用了几何学的方法。全书每一章都先立界说(下一定义),以《性》章而言,开宗明义即是:"性者,分与阴阳五行以为血气、心知、品物,区以别焉。举凡既生以后所有之事,所具之能,所全之德,咸以是为其本,故易曰:成之者性也。"①总的界说之后,又自设问答,逐渐展开其多方面的含义;整个推论过程,基本上合乎利玛窦在《译几何原本·引》中所说的"论题之首,先标界说;次设公论,题论所据,次乃具题。题有本题,有作法、有推论,先之所证,必后之所待"。"一先不可后,一后不可先,垒垒交承,至终不绝也。初言实理,至易至明,渐次积累,终竟乃发奥微之义。"这种研究和论述方法在推进哲学思维的严密化方面,无疑有其不可忽视的意义,但将作为具体科学的几何学方法引入哲学领域,则又表现为科学向形上学的趋近。西方近代哲学史上,斯宾诺莎亦曾以几何学的公理化方法来展开其《伦理学》,在这方面,戴震似乎已表现出某种近代的思维趋向。

可以看到,明清之际及其后的思想家在从思维方法等方面引入、阐释西方实证科学的同时,又表现出将其提升和泛化的趋向。这一思维进路的缘由是多方面的,其中既有"技进于道"、追求普遍之理的

---

① 〔清〕戴震:《孟子字义疏证》,《戴震集》,上海:上海古籍出版社,1980年,第291页。

传统形而上学之制约，又与西学输入的历史特点相关。就总体而言，西学的传入一开始便呈现实证精神与形上神学相互纠缠的格局，往往一书之中而二者并存，如利玛窦的《天主实义》虽以介绍天主教义为主，但亦兼及有关天体的天文学说；再如《寰有诠》，它首先无疑是一部神学著作，但其中又渗入了注重逻辑推论的思维趋向，李之藻在译序中指出："所论天地万物之理，探源穷委，步步推明，由有形入无形，由因性达超性。"①在此，一方面，神理的阐释与严格的推论似乎并行不悖。另一方面，科学的著作，也往往受到神学的纠缠，后者的典型之例，便是在引入西方的天文学时，与教义相抵触的哥白尼学说始终没有得到正面的、系统的介绍。西学东渐的这一背景，无疑从一个方面构成了明清之际实证科学与形上之学彼此趋近的历史根源。而从更普遍的层面看，明清之际由肯定西学之"用"到关注思维方法，再到科学的泛化，似乎又预示了近代科学思潮的历史走向。

---

① 〔明〕李之藻：《译寰有诠序》，《明清间耶稣会士译著提要》，第 152 页。

# 第二章

# 历史的先导(二)：
# 经学的实证化及其内蕴

西学在明清之际的东渐,使科学的价值得到了较多的关注。与之似乎前后呼应,传统的儒学也渐渐发生了某种折变,后者具体表现为一种实证化趋向,这种变化当然不能归之为西方格致之学引入的结果,但它在注重实证等思维走向上,却又与之有一致之处。

## 一　经非训诂不明：走向实证研究

滥觞于明中叶的儒学流变,首先当然是相对于理学而言。作为儒学的一种形态,理学注重心性的辨析和义理的探求,但其末流往往导向了空疏玄虚,有鉴于此,明中叶至晚明的一些思想家已开始由形而上的义理之学,转向形而下的考据之学。这里首先值得一提的是杨慎。杨慎对理学追求所谓"高远"的思辨路向甚为不满,并曾作了如下批评:"故高远之蔽,其究也,以六经为注脚,以空索为一贯,谓形器法度皆刍狗之余,视听言动非性命之理,所谓其高过于大,学而无实。"①理学以高远为进路,以性命之理为追求的对象,其结果则往往流而为空索无实。与理学相对,杨慎要求从训诂入手,以把握经义,而训诂又必须知古人之法:"予谓圣贤之经,当知古人文法。"②这里已表现出以实证的研究拒斥理学思辨的趋向,事实上,杨慎也确实一再要求研究朱熹以前的经学,所谓"必求朱子以前之六经"③,便表明了这一点。

杨慎之后,陈第进一步提出了"读经不读传注"④的主张。不读传注,意味着超越对经典的随意诠释,回到原始的经典本身。而在经典的研究方面,陈第首先将具体的音韵考证提到了重要的地位,要求通过了解文字的古音,以把握其古义。就研究方法而言,陈第已总结出"本证"与"旁证"相结合的原则。本证,即以本书同类之韵为证,如以诗之韵证诗经之音义;旁证,即以其他文献来印证。陈第运用本证、旁证以考证古音,并由此揭示经典中字、义的原始含义,这种方法,后来被广泛地运用于考证之中。

与陈第几乎同时,焦竑也将注重之点转向了实证性的研究方式。焦竑对小学尤为重视,认为圣学应当以小学工夫为根基。焦竑关于小学的界说,不同于宋儒。宋儒虽亦注意到小学与文字训诂的联系,但往往较多地将其理解为"洒扫、应对、进退之节,礼乐、射御、书数之

---

① 〔明〕杨慎:《禅学俗学》,《升庵全集》卷七十五。
② 〔明〕杨慎:《数往者顺,知来者逆》,《升庵全集》卷四十一。
③ 〔明〕杨慎:《答重庆太守刘嵩杨书》,《升庵全集》卷六。
④ 〔明〕陈第:《尚书疏衍·自序》。

文"①,后一意义上的小学,常常与伦理行为、道德实践交错在一起。与之相对,焦竑更多地侧重于小学的文字之学义:"小学,谓文字之学也。"②这一意义上的小学,其具体内容主要包括训诂、音韵、文字,它在相当意义上已属于具体科学(语言学)的范畴。焦竑主张以小学为把握经典的根基,已开始把经学研究与具体科学的研究联系起来。

明清之际,随着社会历史的剧烈变迁、西学的东渐、实学思潮的涌动、理学末流空谈心性之蔽的日渐呈露,思想家也开始对儒学本身进行反省。这种反省首先取得了理学批判的形式。如前所述,在杨慎、陈第、焦竑那里,已可以看到对宋儒"束书不观,游谈无根"的批评,明清之际的思想家则进一步对理学存在的合法性提出了质疑。在顾炎武关于理学与经学关系的论述中,便不难看到这一点:

> 理学之名,自宋人始有之。古之所谓理学,经学也,非数十年不能通也。……今之所谓理学,禅学也。③

质言之,儒学的本来形态是经学,而不是理学;儒学只有回到经学的形态,才能获得合法性,这里已内含从理学返归经学的要求。这一主张当然并不是明清之际首次提出,在杨慎、陈第等人那里已可以看到如上的趋向,归有光于明嘉靖隆庆年间,亦提出了类似的看法:"天下学者,欲明道德性命之精微,亦未有舍六艺而可以空言讲论者也。"④不过,明中叶以来的这些观点虽然为尔后的经学复兴提供了历史的

---

① 〔宋〕朱熹:《大学章句·序》。

② 〔明〕焦竑:《焦氏笔乘》,上海:上海古籍出版社,1986年,第334页。

③ 〔清〕顾炎武:《与施愚山书》,《亭林文集》卷三。

④ 〔明〕归有光:《送计博士序》,《震川先生集》卷三十九,上海:上海古籍出版社,1981年,第212页。

前导,但在当时并没有产生重要的反响。唯有到了明清之际,以深入的历史反省为前提,从理学返归经学的呼声,才得到了普遍的思想认同。

从理学到经学,其间虽然只有一字之差,但却蕴含着重要的视域转换。理学以心性的形上辨析为主题,表现出明显的思辨趋向。与之相对,明清之际思想家所理解的经学,则以文献的考订、字义的训释等为入手工夫,它所推重的,首先是实证性的研究。顾炎武指出:"读九经自考文始,考文自知音始。"①考文主要涉及文字训诂,知音则指古音韵的研究,二者都属于所谓小学。联系前文理学即经学的命题,我们可以看到如下的逻辑思路:由形而上的理学,返归原始的经学,并进而将经学建立于具有实证性质的小学之上。

对经学的如上倡导当然并不限于顾炎武。黄宗羲、方以智、毛奇龄等,从不同的角度提出相近的要求。江藩在《国朝汉学师承记》中便将黄宗羲与顾炎武相提并论,认为清代的经学,"二君实启之":

> 有明一代,囿于性理,汩于制义,无一人知读古经注疏者。自梨洲起而振其颓波,亭林继之。于是承学之士,知习古经义矣。……读书论道,重在大端,疏于末节,岂若抱残守缺之俗儒、寻章摘句之世士也哉!然黄氏辟《图》、《书》之谬,知尚书古文之伪;顾氏审古音之微,补左传杜注之遗。能为举世不为之时,谓非豪杰之士耶?国朝诸儒,究六经奥旨与两汉同风,二君实启之。②

和两汉同风,指出了清代经学上承两汉经学的特点。黄宗羲的治学

---

① 〔清〕顾炎武:《答李子德书》,《亭林文集》卷四。
② 〔清〕江藩:《国朝汉学师承记》卷八附跋。

背景和学术路向与顾炎武当然存在种种差异,但二者在注重实证的研究上,却又有一致之处。与顾炎武一样,黄宗羲认为经学之中仍有很多问题"至今尚无定说",从而肯定了经学研究的必要性;同时,又强调经学研究应当剔除各种附会,还经义之本来面目。① 尽管黄宗羲并没有放弃形而上的思考,但在注重实证性的研究上,却不同于宋儒的心性之学。

与顾炎武、黄宗羲同时代的方以智重质测之学,亦兼及经学考据,其《通雅》一书,便以训诂考证等为内容。《四库全书总目》对方以智在清代经学中的地位予以了相当高的评价:"明方以智博极群书,撰《通雅》五十二卷。是书皆考证名物、象数、训诂、音声。……风气既开,国初顾炎武、阎若璩、朱彝尊等沿波而起,始一扫悬揣之空谈,而穷源溯委,词必有证,在明代考证家中,可谓卓然独立矣。"②这种穷源溯委、词必有证的名物考据,在研究对象与方法上,与晚明和清代的经学研究无疑有一致之处。此外,在经学考据的倡导与确立方面,毛奇龄也是一位值得注意的人物。与明清之际其他思想家相近,毛奇龄对理学,特别是程朱也持批评的态度,而其治经则重实证。阮元曾对毛奇龄作了如下评价:"国朝经学盛兴,检讨(毛奇龄——引者)首出乎东林蕺山空文讲学之余,以讲学自任,大声疾呼,而一时之实学顿起。当是时,充宗起于浙东,朏明起于浙西,宁人、百诗起于江淮之间。检讨以博辨之才,睥睨一切。论不相下,而道实相成。迄今学者日益昌明,大江南北著书授徒之家数十。视检讨而精该者固多,谓非检讨开始之功则不可。"③"实学"与"空文讲学"的对立,体现了两

---

① 参见〔清〕黄宗羲:《万充宗墓志铭》,《南雷文定》前集卷八。

② 《通雅》提要,《四库全书总目》卷一百一十九。

③ 〔清〕阮元:《毛西河检讨全集后序》,《揅经室二集》卷七。

种治学方式的分野,毛奇龄在实现学术走向的转换上,显然扮演了与顾炎武等相近的角色。可以说,顾炎武、黄宗羲、方以智、毛奇龄等继陈第、焦竑之后,从不同的方面,奠定了经学考据的基础。

由明清之际的思想家所奠基的经学考据,在乾嘉时期得到了进一步的发展,所谓乾嘉学派,便是对这一时期具有相近学术倾向的学术群体之概称。尽管清代考据学本身亦有学术旨趣上的差异,所谓吴派、皖派之分,便表明了这一点;但在注重实证上,却又彼此相近。戴震曾对清代的经学考据治学特点作了概述:

> 数百年以降,说经之弊,善凿空而已矣。……后之论汉儒者,辄曰故训之学云尔,未与于理精而义明。则试诘以求理于古经之外乎? 若犹存古经中也,则凿空者得乎? 呜呼! 经之至者,道也;所以明道者,其词也;所以成词者,未有能外小学文字者也。由文字以通乎语言,由语言以通乎古圣贤之心志。譬之适堂坛之必循其阶,而不可以躐等。①

以理精义明相标榜而却不免导向凿空,这是理学的特点,戴震在另一处更明确地指出了这一点:"宋以来儒者,以己之见,硬坐为古贤圣立言之意,而语言文字实未之知"②;所谓理即在古经之中,实际上也就是要求由凿空的理学,回归本然的经学,而治经学的入手处,则是具有实证科学意义的小学。类似的看法亦见于阮元:"圣贤之道存乎经,经非训诂不明。"③以上的逻辑思路可以概括为:理学——经

---

① 〔清〕戴震:《古经解钩沈序》,《戴震集》,第 191—192 页。
② 〔清〕戴震:《与某书》,《戴震集》,第 187 页。
③ 〔清〕阮元:《西湖诂经精舍记》,《揅经室二集》卷七。

学——小学,它使明清之际已开其端的视域转换,取得了更明确的形式。

　　乾嘉学派可以看作是清代学术的主流,与之并存的还有浙东史学等。浙东史学的代表人物之一为章学诚。章学诚对当时的主流学术有所批评,认为乾嘉考据学派囿于名物训诂,以致"无所为而竞言考索"①。不过,他并不因此而否定考据的意义。事实上,浙东史学的奠基人黄宗羲同时亦为乾嘉学派的理论源头之一,这种历史联系也决定了章学诚与乾嘉学派在治学方法上往往有趋近的一面。在章学诚看来,通经明理,亦不能离开名物训诂:"治经而不究于名物度数,则义理腾空而经术因以卤莽,所系非浅鲜也。"②更为值得注意的是,章学诚还着重将经与史联系起来,以史规定经:"六经皆史也。古人不著书,古人未尝离事而理,六经皆先王之政典也。"③六经皆史之说,当然并不是章学诚首次提出的,在章学诚之前,王阳明等已有类似提法,然而,正是在章学诚那里,六经被明确地理解为历史文献的载体,所谓六经皆先王之政典,也就是把六经视为古代先王治国政绩的记录。从逻辑上看,六经的以上历史内涵,决定了治经也总是与史实的研究相联系。六经向史实的这种还原,同时也意味着消解六经的形而上内容。这样,尽管章学诚批评乾嘉学派停留于训诂考订,并表现出对明道与经世致用的关注,但"六经皆史"的命题在扬弃经学的形而上性质这一点上,与乾嘉学派"经非训诂不明"的看法,无疑又有相通之处,二者似乎从不同的侧面展示了经学实证化的走向。

---

① 〔清〕章学诚:《文史通义·博杂》。
② 〔清〕章学诚:《文史通义·答沈枫墀论学》。
③ 〔清〕章学诚:《文史通义·易教上》。

## 二 治经方法的科学向度

作为经学演化的一种形态，与理学形而上学相对的经学实证化趋向更内在地体现于治经方法；事实上，从理学到经学的变更，具体便是通过治经方法的转换而实现的。尽管清代考据学的研究对象没有离开传统的经典，但在研究方法上，又确乎与近代实证科学的方法呈现相近的走向。概括起来，清代考据学的治经方法包括以下几个方面：

### 面向本文与遍搜博讨

理学好谈性理而轻视名物训诂，为了论证一己之见，他们往往不惜曲解乃至擅改古代文献。对这种崇尚虚论的学风，清代学者深为不满。江声指出："盖性理之学，纯是蹈空，无从捉摸。弟所厌闻也。"①这实际上代表了清代乾嘉学派的普遍看法。与蹈空的宋学相对，清儒以"通经博物"相尚，强调无证不信，论必有据。在经学考据中，所谓证和据，主要便与古代文献相联系。从字、词等考释的角度看，作为古字古词载体的古代文献属于具体的事实材料，以群经古本为研究的起点，也就是从经验领域的对象出发。

由注重文献材料，清代学者又进而反对以孤证立论。在清代学者看来，片面地执着某一方面的例证，必然会导致迷误："偏举一隅，惑兹生焉。"②在训诂上，清儒每释一字，往往广搜群籍，博考百家。如王引之对虚词的诠诂，即以遍为搜讨为基础："自九经三传及周秦西

---

① 〔清〕江声：《问学堂赠言》，参见《孙渊如诗文集》卷四。
② 〔清〕戴震：《毛郑诗考证》卷二。

汉之书,凡助语之文,遍为搜讨。"①这里所说的遍为搜讨,即是对所研究领域的相关对象逐一加以考察,不放过任何可能的反例,由此形成较为系统的、能反映事物全貌的材料,然后将这些材料综合起来加以参伍比较,得出结论。这种治学原则与任意挑选孤证的主观方法相对,体现了观察的全面性等要求。

与注重遍为搜讨相联系,清代学者注重考察的客观性。戴震指出:

> 凡学未至贯本末,彻精粗,徒以意衡量,就令载籍极博,犹所谓"思而不学则殆"也。②

"贯本末、彻精粗"即全面的考察,"以意衡量"则是主观的臆测;清代学者肯定前者而拒斥后者,这就使遍为搜讨同时成为客观性的原则。从方法论上看,全面性原则与客观性原则具有内在的相通性:离开了对事物各个方面的系统研究,便很难提供一幅有关事物全貌的客观图景;全面考察所获得的材料如不能真实地反映对象的本来面目,则同样无法为把握事物提供可靠的基础。对经验事实的真实性、可靠性的如上注重,确实不同于性理之学的思辨趋向。

### 经验归纳与条理分析

通过遍搜博讨而广泛地占有材料之后,清代学者进而要求揭示其中的义例:"稽古之学,必确得古人之义例。执其正,穷其变,而后其说之也不诬。"③所谓义例,包括语言文字领域的条理通则以及古书

---

① 〔清〕王引之:《经传释词·自序》。
② 〔清〕戴震:《与任孝廉幼植书》,《戴震集》,第181页。
③ 〔清〕阮元:《周礼汉读考·序》,《揅经室一集》卷十一。

的著述体例等。在清代学者看来，只有对丰富的事实材料反复推究，严加剖析，概括出一般的条例规则，才能把握纷繁复杂的具体现象。王引之在《经义述闻》末卷（三十二卷）中，即以前三十一卷中所搜集的资料为基础，通过缜密的比较分析而总结出若干条例，如"旁记之文误入正文则成衍文"、"形近易误"等。清代学者正是通过这种概括而初步了解了古籍传抄过程中各种讹误产生的规律，从而使校勘工作有理可循。这里体现了一条重要的方法论原则，即经验材料只是认识的起点，实证研究不能停留于现象的观察，而必须从材料上升到义例，以揭示对象内在的规律性的联系。

与会通义例相辅相成的，是"一以贯之"："不会通其例，一以贯之，只厌其胶葛重复而已，乌睹所谓经纬涂（途）径者哉。"①所谓一以贯之，即是在一般义例通则的指导下，考察千差万别的特殊现象。如果说，会通其例主要是从个别到一般的归纳过程，那么，一以贯之则表现为从一般到个别的演绎过程，二者统一，构成了清代学者经学研究的重要特点。戴震对《水经注》的校勘，在这方面提供了较为典型的一例。自唐代以来，《水经注》的经与注一直混杂相错，因而校勘此书的任务首先在于分别经与注。戴震通过参伍推敲，归纳出三条通则，然后又"以是推之"，即运用这三条通则逐句审订，从而对经与注作了明确区分。这种会通义例与一以贯之相统一的考订方法，无疑体现了较为严密的实证态度。

从一以贯之的角度看，条理的分析便成为一个重要的环节。清代学者很注重条理分析，戴震便指出："务要得其条理，由合而分，由分而合。"②在考据领域，所谓条理，主要是指实证性的科学知识和理

---

① 〔清〕凌廷堪：《礼经释例·自序》。
② 引自〔清〕段玉裁：《戴东原先生年谱》。

论,如音学原理等。在清代学者看来,只有把握了各个实证领域的知识原理,才能真正地把握经典之义:

> 至若经之难明,尚有若干事:诵尧典数行至"乃命羲和",不知恒星七政所以运行,则掩卷不能卒业。诵周南召南,自关雎而往,不知古音,徒强以协韵,则龃龉失读。诵古礼经,先士冠礼,不知古者宫室、衣服等制,则迷于其方,莫辨其用。不知古今地名沿革,则禹贡职方失其处所。不知少广、旁要,则考工之器不能因文而推其制。不知鸟、兽、虫、鱼、草、木之状类名号,则比、兴之意乖。①

这里所涉及的,便是天文、地理、数学、语言、生物、机械等具体领域的知识理论,而这些领域的知识同时又构成了指导经学研究的理论;换言之,实证的理论成为治经的工具。在训诂方面,清代学者运用古音通假的原理及古韵分部等知识,对古代文字的本意作了成功的考释。一以贯之与条理分析的相互联系,使清代学者的考据超越了单纯的经验归纳。

### 虚会与实证相结合

在博考的基础上,通过比较归纳、条理分析而作出的识断,必须经过严格的审察和验证。清代学者所谓验证,大致包括两个环节,即虚会与实证:"事有虚会,有实证。"②所谓虚会,即是从逻辑关系上加

---

① 〔清〕戴震:《与是仲明论学书》,《戴震集》,第183页。
② 〔清〕阎若璩:《尚书古文疏证》卷五。

以推论,"如东坡谓蔡琰二诗,东京无此格,此虚会也。"①蔡琰有两首诗,其中所运用的格律在东汉时代尚未出现,从逻辑上说,东汉时代的人,不可能运用当时还未出现的格律来作诗,苏东坡正是根据这一点,推断这两首诗非蔡琰所作。这种表现为虚会的推论,显然具有逻辑论证的性质。

清代学者所说的虚会,表现为如下形式。其一,根据前后是否贯通,推断某种记载或观点的真伪:"事之真者,无往不多其贯通,事之膺者,无往不多其抵牾。"②这里所说的"抵牾",即是形式逻辑意义上的矛盾,在清代学者看来,正确的思维首先应当在逻辑上始终一贯,具有内在的自洽性;凡是前后相悖,上下冲突,则很难断定其为真。这实际上是用形式逻辑的矛盾律,来确定某一结论能否成立。其二,通过对文献的内容或结构的分析,以论证某一假设。如《史记·陈丞相世家》有"平为人长美色"一句,王念孙经过考证,认为此句当作"长大美色"。然后又分析上下文义作了论证:"下文'人谓陈平何食而肥',肥与大同义,若无大字,则与下文义不相属。"③历史记载作为客观的文献材料,其前后各个部分有着内在的关联,通过考察不同部分的联系,即可从一个方面判断某一记载是否真实。这里所体现的,是根据本文各个部分之间的逻辑联系,来论证某一论点。

虚会主要着重于从逻辑关系上对言说观点加以论证,这种验证并没有终结检验言论的过程。逻辑上的推断之后,最终还要诉诸事实的验证。顾炎武在《日知录》中已强调以历史事实验证某种考订的结论,潘耒对此作了如下介绍:"有一疑义,反复参考,必归于至当;有

---

① 〔清〕阎若璩:《尚书古文疏证》卷五。
② 〔清〕阎若璩:《尚书古文疏证》卷六。
③ 〔清〕王念孙:《读书杂志》(一),上海:上海古籍出版社,2014 年,第 289 页。

一独见,援古证今,必畅其说而后止。"①反复参考而归于当,属逻辑的推断;援古证今,则是以历史事实为证。

虚会与实证的如上结合,在方法论上即表现为逻辑论证与事实验证的统一,在清代学者看来,只有在两者的这种联系中,才能达到十分之见:"所谓十分之见,必征之古而靡不条贯,合诸道而不留余议,巨细毕究,本末兼察。"②"十分之见"可以看作是已得到确证的真理,与从认识的出发点上强调广泛考察相一致,认识的检验也被理解为一个博证(巨细毕究)的过程。在具体的研究中,继虚会之后,清代学者总是进而诉诸客观的实证。如《史记·秦始皇本纪》引李斯语:"若欲有学法令",王念孙经过比较推敲,认为"欲有"当作"有欲",接着即从行文结构的逻辑关系上加以论证:"置欲字于有字之上,则文不成义。"最后又引其他文献为实证:"《通鉴·秦纪二》正作'若有欲学法令者'"。③ 在此,逻辑上的推论与事实的验证便构成了相互联系的两个环节。对认识的这种检验方法既不同于仅仅停留于抽象的推绎,也有别于简单地列举实例,它从一个方面为达到"十分之见"提供了较为可靠的基础。

**阙疑与推求的统一**

遍为搜讨、会通义例、一以贯之、虚会实证的经学考据,有其贯穿前后的基本原则,这就是实事求是。清代学者强调:"通儒之学,必自实事求是始。"④要真正求其是,便不能盲目尊信,而应有阙疑的精神。所谓阙疑,也就是以存疑的态度对待一切历史记载及传闻之说。在

① 〔清〕潘耒:《日知录·序》。

② 〔清〕戴震:《与姚孝廉姬传书》,《戴震集》,第 185 页。

③ 参见〔清〕王念孙:《读书杂志》(一),第 192—193 页。

④ 〔清〕钱大昕:《卢氏群书拾补序》,《潜研堂文集》卷二十五。

校勘中,阙疑的具体形式往往表现为反对盲从旧本:"谓旧本必是,今本必非,专己守残,不复别白,则亦信古而失之固者也。"①与迷信旧本相反,清代学者主张以事实证旧本之失,凡旧本中出现了误字,便应参照各本以纠正之,而不能曲意解说。这种以事实为据而反对盲从的存疑原则,体现了一种科学的理性精神。

与提倡阙疑,反对盲信相联系,清代学者又提出了推求的主张:"信古而愚,愈于不知而作,但宜推求,勿为株守。"②所谓株守,即人云亦云,依傍古人;推求则是通过创造性的思考以提出新的见解。顾炎武在《日知录·自序》中把治学比作铸钱,批评仅仅以旧钱充铸,亦即满足于拾人牙慧,囿于旧说,而提倡"采山之铜",即另辟蹊径,学有新意。在文献考订及音韵研究中,清代学者善于冲破前人的束缚,大胆提出新的见解。如在古韵分部上,传统的看法把"支""脂""之"三韵并为一部,段玉裁通过研究《诗经》,发现三者在上古实际上各自独立成部,于是推翻旧说,提出了新的分韵观点,从而把古音研究推进了一步。存疑与推求的结合,体现了独立思考与创造性研究的统一。

溯源达流与历史的方法

在经学考据中,清代学者十分注重考察源流。卢文弨指出:"学固有自源而达流者,亦有自流以溯源者。"③这可以看作是对历史方法的一种概括。

所谓"自流以溯源",是指通过历史的回溯,把握对象的原始状况,然后将对象的原貌与现状加以比较,以揭示事实的真相。在辨伪

---

① 〔清〕钱大昕:《卢氏群书拾补序》,《潜研堂文集》卷二十五。
② 〔清〕戴震:《与王内翰凤喈书》,《戴震集》,第 54 页。
③ 〔清〕卢文弨:《答朱秀才理齐书》,《抱经堂文集》卷十九。

中,这种方法表现为追溯伪书之材料来源,以证其伪。阎若璩在《尚书古文疏证》第一卷中,曾对此作了分析,认为伪书作者不能凭空造作,他必然要以已往的材料为依据,一旦找出了伪书之所本,就可以暴露其伪迹;阎若璩在辨《古文尚书》之伪时,即具体运用了这一方法。在史实考订中,溯源的方法具体化为根据原始的记载,以考证后起的叙述:"言有出于古人而不可信者,非古人之不足信,古人之前有古人,前之古人无此言而后之古人言,我从前者而已。"①文献的流传总是有一个前后相继的过程,一般说来,后起的文本总是以早出的本文为根据,因此辨别文献记载的真伪,应追溯到最为原始的文本。崔述在《考信录提要》中,即曾以早出的《论语》中所记载的事实,证晚出的《孔子家语》所记之误。在文字训诂中,清代学者主张:"识字当究其源。"②所谓字之源,也就是文字的本义,懂得了文字的本义,就可以进而把握其引申义。这些看法已注意到了,古代文献及语言文字都处于历史演变过程之中,作为这一过程起点的原始记载、文字本义等与后世的再传之文及引申之义往往会出现某种差异,要把握史实的真相及文字的确切含义,便必须向原始的起点上溯。

"自流溯源"旨在追溯对象的原始面目,相对于此,"自源达流"要求在把握对象的本来状况后,进一步考察它在各个演变阶段的不同特点,以辨古今之异。在典章制度的考证中,这种方法表现为疏通源流,即纵向的考察对象的变迁沿革。在音学研究中,清代的学者反对援今议古,主张"审音学之源流",并运用历史方法对古韵演变作了相当细致的研究,如段玉裁以"音韵之不同,必论其世"的历史观点为依据,通过深入的分析比较,将先秦至隋代的古韵变化区分为三个阶

---

① 〔清〕钱大昕:《秦四十郡辨》,《潜研堂文集》卷二十三。
② 〔清〕钱大昕:《潜研堂文集》卷十五。

段:"唐虞夏商为一时,汉武帝至汉末为一时,魏晋宋齐梁陈隋为一时。"①这种自源达流的考察,已不限于对发展过程的起点与终点作历史的比较,而且将过程划分为若干阶段加以研究,即不仅力图找出其前后联系,而且注重把握各个阶段的特定形态,这就把历史考察与具体分析结合起来,从而深化了历史方法。

清代学者认为,一定的文字、语言等都与特定的历史背景相联系:"唐虞有唐虞之文,三代有三代之文,春秋有春秋之文,战国秦汉以迄魏晋,亦各有其文焉。非但其文然也,其行事亦多有不相类者。"②因此,在溯源达流时,他们不仅要求考察某一对象本身的演变过程,而且强调从对象与特定历史条件的联系中分析其特点。以辨伪为例,清代学者注意到伪书的文辞风格总是难免留有某种历史痕迹,"虽极力洗涮出脱,终不能离其本色"③。据此,他们主张对伪书的辞章与特定时代的文风作历史的比较,以揭示伪书的真实年代。这种溯源达流与分析特定时代背景相统一的历史方法,不同于思辨的推论,而更多地表现了对具体史实的注重。

要而言之,清代学者的经学考据方法以"实事求是"为原则,体现了归纳与演绎、逻辑分析与事实验证、无证不信(存疑原则)与大胆推求(创造性思考)的统一,并贯穿了朴素的历史主义精神。这种方法论系统扬弃了理学的思辨性,在相当程度上将经学引向了实证性的研究。

## 三 形上与形下

按其本义,经学首先代表了一种正统的意识形态,作为意识形

① 〔清〕段玉裁:《音韵随时迁移说》,《六书音韵表》,北京:中华书局,1983年,第17页。

② 〔清〕崔述:《考信录提要》卷下。

③ 〔清〕阎若璩:《尚书古文疏证》卷一。

态,它主要体现了一定时期人们的愿望、理想、评价准则、文化模式、行为目标等等,而后者无疑属于广义的价值理性。相对于经学的意识形态内容,音韵、训诂、校勘、天文、历算等具体科学,以及博考精思、严于求是的方法论思想,则更多地体现了理性的工具功能。清代学者将具体科学及实证方法引入经学,以此作为治经的手段与工具,似乎表现出融合二者的趋向。事实上,在经学实证化之后,我们看到的正是工具理性向价值理性的渗入,而这种渗入本身又蕴含着多重意义。

　　一般而论,实证的走向总是与形而上的超越之维相对。肯定实证研究的价值,往往逻辑地导向否定形而上学。与宋明理学家时时流露出浓厚的形而上学兴趣不同,清代学者更倾向于从事拆解形而上学的工作。戴震对宋儒将天理形而上学化提出了批评:"宋儒合仁、义、礼而统谓之理,视之'如有物焉,得于天而具于心',因以此为'形而上',为'冲漠无朕';以人伦日用为'形而下',为'万象纷罗'。盖由老、庄、释氏之舍人伦日用而别有所贵,到遂转之以言夫理。……六经、孔孟之言,无与之合者也。"[1]理学家将仁义等当然之则加以超验化,使之成为至上的天理,这既是对价值理性的强化,又表现出崇尚形而上本体的取向。在戴震看来,这种形而上的本体不外是思辨的虚构。他对形而上与形而下作了如下解说:

> 　　形谓已成形质,形而上犹曰形以前,形而下犹曰形以后。阴阳之未成形质,是谓形而上者也,非形而下明矣。[2]

这里体现的,是一种拒斥形而上学的立场,它不仅展示了一种本体论的观点,而且具有某种价值观的意义。就后者而言,对形而上学的排

---

① 〔清〕戴震:《孟子字义疏证》,《戴震集》,第314页。
② 〔清〕戴震:《绪言》,《戴震集》,第352页。

拒,即意味着将注重之点由超验的领域转向具体的对象,这种思路与近代具有科学主义倾向的实证论颇有相通之处。

如前所述,与消解形而上学相联系,经学的实证化同时又使经学在研究方式上,或多或少趋近于近代科学,它在某种意义上为中国近代对实证科学的普遍推崇和认同作了理论的准备和历史的铺垫。事实上,近代具有科学主义倾向的思想家(如胡适)在提倡科学精神、引入近代科学方法之时,便常常将这种精神及方法与清代学者的治经方法加以沟通,以获得传统的根据。这种现象从一个侧面表明,中国近代对科学的礼赞和认同并非仅仅是近代西学东渐的产物,它同样有着传统的根源。

然而,具有历史与理论意味的是,在经学的实证化过程中,文字、音韵等科学本身似乎也经历了由"技"到"学"的演化。在传统儒学中,语言、文字、天文、历算等本来属于具体的"技"或"艺",清代学者在从理学返归经学的前提下,进而以小学(语言文字、音韵学等)、天文、历算等具体科学为治经的主要手段,并将科学的治学方法与经学研究融合为一,与之相应,科学也开始作为经学的一个内在要素而获得了自身的价值。这一转换过程,与明清之际西方科学的东渐彼此相关,它一方面从经学内部促进了具体科学的成长,并形成了附庸蔚为大国的独特学术格局;另一方面也使科学的价值地位得到了提升:作为经学的内在要素,文字、音韵、天文、历算等具体科学已开始从"技",步入"道"的领域。这种演化过程似乎又蕴含着在另一重意义上承诺形而上学的趋向,事实上,清代学者便一再批评"但求名物,不论圣道"①,即反对仅仅停留于实证研究,而未能进而把握普遍之道,这里已多少可以看到将名物训诂等实证研究与形而上追求沟通起来的意向;后者既与明清之际西学东渐的趋向前后相承,又预示了近代科学观念的变迁。

_____

① 阮元:《拟国史儒林传序》,《揅经室一集》卷二。

# 第三章

# 技与道之间

19 世纪中叶以后，随着西学自明清之际以后的再度东渐，西方的科学也在更为深广的层面引入中国。与明清之际的士人相近，近代知识分子对科学的理解，也经历了一个从技到道的变迁过程。这一过程既构成了中国近代思想衍化的重要侧面，又为近代科学主义思潮的兴起提供了较为直接的历史前提。

## 一　从以"技"治经到以"技"制夷

在清代经学的实证化过程中，尽管仍存在着某种形上的趋向，但它毕竟在经学的形式下提升了"技"的地位。当然，在清代学者那里，以语言、文字学等形式表现出来的"技"，主要被用于经学研究（治经），其范围基本上限于文献考证与诠释。从理论形态看,经学的实证化过程更多地上承了古文经学的传统。19世纪初,随着社会的变迁与今文经学的复兴,学术的趋向也开始发生了某种变化,后者突出地表现为:经世致用的问题开始受到越来越多的关注,而所谓"技"则相应地逐渐被赋予了新的历史内涵。

清代的今文经学初起于嘉庆末年,渐盛于道光期间。作为经学的不同学派,古文经学与今文经学之分可以追溯到两汉。从学术旨趣看,古文经学注重名物训诂,今文经学则以发挥微言大义见长;前者在治学方法上倾向于实证研究,而与现实政治相对疏远,后者对经义的阐发,往往与现实的政治理念联系在一起。清初至乾嘉,学术的主流主要是古文经学一系的汉学,在以科学之"技"治经的同时,其对现实政治的关切也往往趋于淡化。道光期间,以今文经学的复兴为契机,学术与经世的关系开始由远而近。

清代今文经学的复兴,常常被溯源到庄存与、庄述祖、刘逢禄、宋翔凤等,但真正赋予今文经学以新的历史内涵的,则是龚自珍和魏源。龚自珍在经学上倾向于公羊学,主张通经以致用。从传统的今文经学(公羊春秋学)的变易观点出发,龚自珍更多地对当时的社会现实采取了批判的立场,并提出了社会变革的要求。在他看来,当时的社会已由盛走向衰,如果不加以改革,便必然将导向乱世,而要变革,则必须"通乎当世之务"①。不过,龚自珍尽管已朦胧地预感到旧时代即将终结,但作为旧时代中的人物,其视域并未能完全超越他所处的时代。从龚自珍的自述中,便不难看到这一点:"何敢自矜医国手,药方只贩古时丹。"②衰世固然需要救治,但救世之术,却依然不脱

① 〔清〕龚自珍:《对策》,《龚自珍全集》,北京:中华书局,1959年,第114页。
② 〔清〕龚自珍:《己亥杂诗》,《龚自珍全集》,第513页。

往日的旧方。从生活的年代看,龚自珍基本上属前近代,事实上,在鸦片战争爆发后的翌年,龚自珍便告别了人世,而鸦片战争则通常被理解为步入近代的标志。

相对于龚自珍,魏源似乎跨越了前近代与近代两个时代,其思想更多地具有过渡性的特点。在经学上,魏源亦认同今文经学,主张由名物训诂、典章考释转向微言大义的探求:"今日复古之要,由诂训、声音以进于东京典章、制度,此齐一变至鲁也;由典章制度以进于西汉微言大义,贯经术、故事、文章于一,此鲁一变至道也。"①不过,与龚自珍相近,魏源所上承的,主要是今文经学通经致用的传统。魏源对"经"作了如下界说:

> 以其事笔之方策,俾天下后世得以求道而制事,谓之经。②

制事亦即经世治国的活动,按魏源之见,经的作用便在于帮助人们求道而制事。在这里,经的外在功用被提到了相当突出的地位。

从制事的角度规定经,意味着经学的研究主要不在于经义本身的辨析,而在于为经世的实事提供指导。正是以此为前提,魏源进而提出了以经术为治术的论点:

> 士之能九年通经者,以淑其身,以形为事业,则能以周易决疑,以洪范占变,以春秋断事,以礼乐服制兴教化,以周官制太平,以禹贡行河,以三百五篇当谏书,以出使专对,谓之以经术为治术。③

① 〔清〕魏源:《魏源集》,北京:中华书局,1976 年,第 152 页。
② 同上书,第 23 页。
③ 同上书,第 24 页。

在乾嘉学派的经学研究中,经术主要被理解为把握经义的方式;作为治经的方式,它总是有其自身的内在价值。在语言文字等领域出现的所谓附庸蔚为大国的现象,固然表现了具体学科对经学的从属性,但蔚为大国本身亦从一个方面表明,这些学科自身的价值已开始得到某种确认。相对于经术和经义的融合与经术本身内在价值的肯定,以经术为治术所侧重的,主要是经术的外在价值:经术被理解为经世治国的手段。

可以看到,在今文经学的形式下,魏源着重突出了经术之"用",所谓"以周易决疑"、"以春秋断事",等等,所指向的都是经术的外在功用。如果说,以"术"(语言文字、天文历算等等)治经逻辑地引发了经学的实证化趋向,那么,以经术为治术则意味着经学本身的工具化。在经学工具化的视域中,关注之点已不是揭示经学义理的本来含义以及阐明这种经义,而是它在解决具体问题时的效用。这种将"学"视为"术"的思维路向,亦影响着魏源本人及早期近代思想家对科学的理解。

不过,以经术为经世致用的手段,固然不同于文本的考释,但在总体上并没有完全越出传统思想(今文经学)之域;魏源思想的时代特征并非仅仅体现于此。如前所述,魏源的一生跨越了前近代与近代,属过渡时期的人物。他既对旧时代的衰变有深切的感受,又初步地领略了在血与火中东渐的西方近代文明。历史地看,以坚船利炮为前导的西方文明,首先以"器"和"技"的形态呈现于晚清士大夫之前,而近代知识分子对西方文明的理解,也是从"器"与"技"开始的。

与林则徐相近,魏源是中国近代第一批开眼看世界的知识分子。作为经历了鸦片战争之变的近代思想家,魏源对西方之"夷"的力量有相当具体的认识,并力图从不同的方面更深入地了解西方所以强盛的根源。鸦片战争的硝烟消散不久,魏源便编撰了著名的《海国图志》，在介绍西方状况的同时，又分析了其强盛之因。尽管魏源当时并没有摆脱传统的夷夏之辨，但当他认真地对西方之"夷"加以考察时，其"器"、其"技"却给他留下了深刻的印象。针对当时以西方的"器"为奇技淫巧等看法，魏源指出："有用之物，即奇技而非淫巧。"①"有用"所强调的，是"器"对富国强兵的作用，这里首先对器的价值作了肯定。相对于"君子不器"的传统，这无疑是一种视域的转换，它在某种意义上似乎回到了明清之际王徵辈的思路。

当然，历史固然常常会出现某些惊人的相似之处，但其深层的内涵却又并非总是前后雷同。明清之际王徵辈之推重泰西之学，较多地根源于修历、治河等实际需要；相形之下，面对西方的东侵之势及日益严重的民族危机，魏源往往一再地将西方之器的肯定，与"制夷"联系起来。在《海国图志叙》中，魏源曾对何以编此书的缘由作了如下说明：

> 是书何以作？曰：为以夷攻夷而作，为师夷长技以制夷而作。②

制夷本身并不是一种新的观念，在外患突出的时期，一再地可以看到类似的主张。然而，师夷之长技的提法却具有新的时代特征。与魏源同时代的林则徐，也已提出了类似的看法。在鸦片战争期间，林则徐曾主张"师敌之长技以制敌"③，魏源的如上提法与之前后相承。尽管这里依然渗入夷夏之辨，但此所谓"夷"，已不再被视为传统的化外之民，而是与某种域外文明相联系。不难看出，当林则徐、魏源从

---

① 〔清〕魏源：《魏源集》，第 874 页。
② 同上书，第 207 页。
③ 同上书，第 177 页。

"技"这一层面来看待外"夷"时,西方的文明首先被赋予一种技术的品格,而所谓"技"又主要体现于具体的"器"。在魏源看来,夷之长技具体即表现在三个方面:"一、战舰,二、火器,三、养兵练兵之法。"①事实上,魏源的同时代人及后继者,往往更简约地将夷之所长概括为"坚船利炮"。

可以看到,在师夷之长技以制夷的主张中,一方面,西方文明的价值开始得到了某种肯定,另一方面,这种价值又主要被限定于技与器之域。从宽泛的意义上看,西方近代文明无疑包括西学,而西学则与近代科学很难分离。就科学而言,较之科学的原理、科学的方法,等等,"技"与"器"显然具有较为外在的性质。相对于明清之际的思想家由泰西之器进而追求泰西之学,魏源辈对西学的理解,多少还停留在较为浅表的层面。这一现象表明,中西文化经历了由接触而隔绝的历史转换之后,在其重新相遇之初,对科学的理解似乎又戏剧般地回到了出发点。

魏源对西方文明的如上理解,一开始便以"用"的注重为其特点。从认同今文经学,到视经术为治术,"用"始终是魏源关注的重心。魏源对西方之器的推重,同样也出于"用"的考虑,所谓"有用之物,即奇器而非淫巧",便将"用"放在优先的地位。如前所述,就其要求从文献的考释转向经世治国而言,魏源的思维趋向显然与乾嘉的学术主流(乾嘉的经学研究或考据学)有所不同。然而,在肯定"技"与"术"的作用上,魏源与乾嘉学者又并非彼此隔绝。如前所述,清代经学的特点,在于以语言文字、天文历算等具体科学整理和考释经典;相对于经学义理,这种具体学科(所谓"小学"等)只具有"技"的意义,而以这种学科来研究经学,则相应地具有"以技治经"的意义。尽管在

---

① 〔清〕魏源:《魏源集》,第869页。

清代经学中,亦存在形上与形下的交错及附庸蔚为大国的现象,但从总体上看,小学(音韵、文字、训诂)等学科毕竟始终没有摆脱"附庸"的地位;换言之,对经学来说,它始终只是"技"。不过,较之以义理的阐发为指归的经学研究,经学的实证化过程无疑在"以技治经"的形式下,将"技"提到了相当显著的位置。就"技"的注重而言,从"以技治经"到"以技治夷",似乎又表现为一种合乎逻辑的进展。

要而言之,作为近代开端时期一种新的观念,"师夷之长技以制夷"既体现了林则徐、魏源等对东侵的西方势力的态度,亦蕴含了魏源这一代对科学的理解。这种理解固然有别于明清之际的思想家对西学由"技"到"学"的进展,但却与清代以技治经的传统前后相承。作为今文经学者,魏源的学术立场诚然不同于趋向于实证化的清代经学,但在肯定与强调"技"这一点上,魏源等与清代的主流学术又呈现相近的倾向。它从一个方面表明,中国近代科学观念的演化,既与西学的东渐相联系,又有其传统的内在根源。

## 二 格 致 之 学

作为近代开眼看世界的第一代知识分子,林则徐、魏源对西方文明和西学(包括科学)的理解,既折射了他们这个时代所达到的眼界,也影响了其后继者的视域。晚清的洋务知识分子,在某种意义上便是以林则徐、魏源为其前驱。

与林、魏相近,在比较西方之所长时,洋务知识分子亦将器与技提到了突出的地位。冯桂芬在谈到如何师夷这一问题时,曾指出:"且用其器,非用其礼也,用之乃所以攘之也。"①礼泛指一定的观念系

① 〔清〕冯桂芬:《校邠庐抗议·制洋器议》。

统及与之相应的制度、规范等等,器则是物质层面的对象,其具体内容首先是坚船利炮。① 与洋务知识分子立场基本一致的洋务派,同样持类似的看法。洋务派的早期代表曾国藩即认为:"将来师夷智以造船制炮,尤可期永远之利。"②直到后来的李鸿章,在谈到西方之长时,依然着眼于器与技:"查西洋诸国,以火器为长技,欲求制驭之方,必须尽其所长,方足夺其所恃。"③在这方面,洋务知识分子与洋务派的眼光似乎没有超出林、魏辈。

当然,随着历史的演进,"器"与"技"的内涵也逐渐有所变化。在注重坚船利炮的同时,洋务知识分子亦开始注目于民用机械与技术。冯桂芬便已注意到近代农用机械在农业生产中的作用,认为在田广之地,"宜以西人耕具济之,或用马,或用火轮机,一人可耕百亩。"④广而言之,一切对国计民生有利的器与技,都应普遍地引入。⑤ 从坚船利炮到民用器技,"器"与"技"超越了军事领域而渐渐走向社会生活的各个方面。

就科学与器技的关系而言,器与技固然并非与近代的科学完全隔绝,但在器与技这一层面,科学主要与实用的对象联系在一起,处于形而下的层面。不过,从科学观念的传播和影响看,相对于抽象的理论形态,器与技往往以更直观的形式展示了科学的价值,从而更易于为人们所认同与接受。在器与技的形态下,科学作为一种有形的力量,构成了对社会运行的现实范导。事实上,正是以确认器与技的作用为前导,从 19 世纪 60 年代开始,早期的近代工业开始在中国诞

① 〔清〕冯桂芬:《校邠庐抗议·制洋器议》。
② 〔清〕曾国藩:《曾文正公全集·奏稿》卷十五。
③ 〔清〕李鸿章:《李文忠公全集·奏稿》卷七。
④ 〔清〕冯桂芬:《校邠庐抗议·筹国用议》。
⑤ 〔清〕冯桂芬:《校邠庐抗议·采西学议》。

生。1861 年,曾国藩创办安庆内军械所;1862 年,李鸿章创办上海洋炮局;1864 年,苏州洋炮局建立;不久,江南制造局创立;同一时期及尔后建立的近代工业尚有马尾船政局、金陵机器制造局、天津机器制造局、山东机器制造局,等等。尽管这些企业一开始都带有军事工业的性质,但随着军事工业向民用工业的扩展,以器与技为表现形式的科学也越来越显示出其对社会发展的意义。在这里,器与技似乎成为科学的某种载体,正是借助于这种载体,科学的价值逐渐得到了较为广泛的肯定与提升。

不过,器与技作为科学的某种载体,毕竟具有外在的性质。当近代知识分子对器与技作进一步考察时,其目光便开始指向蕴含于器与技之后的内在规定。在分析西方所以能在器技等方面有所长的缘由时,郑观应指出:

论泰西之学,派别条分,商政、兵法、造船、制器,以及农、渔、牧、矿诸务,实无一不精,而皆导其源于汽学、光学、化学、电学。[1]

泰西所制铁舰、轮船、枪炮、机器,一切皆格物致知,匠心独运,尽泄世上不传之秘,而操军中必胜之权。[2]

近代科学观念的演化,与西学东渐的过程往往联系在一起;对器技与科学关系的理解,亦常常关联着对西方文化的认识。在师夷之长技以制夷的主张中,西方文化之所长,主要体现于"器"与"技",郑观应的以上看法则由"器"及制器之"技",提升到"学"(光学、电学等等)这一层面:以技制器的前提,在于通过格物致知而达到理论形态的

---

[1] 〔清〕郑观应:《郑观应集》上,上海:上海人民出版社,1982 年,第 274 页。

[2] 同上书,第 89 页。

认识。

由技到学的进展,当然并非仅见于个别思想家,19 世纪中期以后,技源于学逐渐成为洋务知识分子的普遍看法。与郑观应同时代的薛福成,亦曾表述了和郑观应相近的观点:"夫西人之商政、兵法、造船、制器及农、渔、牧、矿诸务,实无不精;而皆导源于汽学、光学、电学、化学,以得御水、御火、御电之法。"①这里既涉及西方的工商体制,亦包括制造工艺,而二者都奠基于"学"之上。西方既如此,中国也不能例外:

> 中国欲振兴商务,必先讲求工艺。讲求之说,不外二端:以格致为基,以机器为辅而已。格致如化学、光学、重学、声学、电学、植物学、测算学,所包者广。②

此所谓格致,主要是理论形态的科学。值得注意的是,在"器"与"学"二者之间,后者已被视为更为主导的方面。相对于师夷之长技与船炮的仿制,格致为基、机器为辅无疑展示了一种新的视域。

除了一般地肯定格致之学对器技的本源意义外,这一时期的洋务知识分子还对格致之学本身作了具体的考察,并特别强调了数学在制器中的作用。李善兰在分析西方所以强盛的原因时指出:"今欧罗巴各国日益强盛,为中国边患,推原其故,制器精也;推原制器之精,算数明也。"③近代科学的发展,与数学原理和数学方法的普遍运用有着内在的联系,科学对制器过程的制约,也总是渗入了数学的作

---

① 〔清〕薛福成:《出使英法义比四国日记》,长沙:岳麓书社,1985 年,第 132 页。
② 同上书,第 598 页。
③ 〔清〕李善兰:《重学·序》,《畴人书三编》卷六。

用。李善兰以算数明为制器精之根源,无疑从一个方面注意到了近代科学的特点。李善兰是数学家,他对数学作用的肯定,在某种意义上出于数学家的敏感。当然,对科学特点的以上理解,并不仅限于数学家,在其他洋务知识分子那里,也可以看到类似的论点。如冯桂芬便认为:"一切西学皆从算学出,西人十岁外无人不学算,今欲采西学,自不可不学算。"①这里的西学,主要指科学;对科学的这种认识,已开始切入较为深层的内核。

如前所述,在器与技的层面,科学的价值主要以外在的形式得到展示;以数学、电学、光学等为存在方式的格致之学,则开始取得理论的形态。从师夷长技,到格致为基、机器为辅,对科学的认识已超越了器与技,而走向了学与理。作为理论形态的存在,科学已不再仅仅附着于有形的器,而是获得了相对独立的意义。它为科学的价值在观念层面得到认同与提升,提供了历史和逻辑的前提。从技到学这一认识过程在某种意义上再现了明清之际思想家的思维历程,但二者的历史背景却又并不相同:19 世纪的视域转换,乃是以自强图存和走向近代为其动因。同时,晚清对格致之学的注重,在逻辑上表现为清代"以技治经"及"以技制夷"的历史延续。从内涵上看,以技治经之中的"技",本来便已与"学"相互交错,技与学的这种历史联系,也制约着晚清知识分子对科学的理解:在科学观念从技到学的提升中,多少可以看到向技与学交融的某种回复。

前文曾提及,与师夷之长技相应的,是近代工业的兴起。随着从技到学的转换,对科学理论的引入、介绍、传播成为另一种时代景观。首先应当一提的当然是西方科学著作的翻译。从 19 世纪中期始,科学著作的译介便已陆续开始,但最初主要翻译的是一些与制器直接

① 〔清〕冯桂芬:《校邠庐抗议·采西学议》。

相关的实用性著作,如《汽机发轫》、《汽机问答》、《运归约指》等。19世纪后期,出现了有组织的译书机构,如京师同文馆、江南制造局翻译馆等,介绍科学原理的译著逐渐增多,如京师同文馆翻译出版了《格物入门》、《化学指南》、《格物测算》、《化学阐原》等,而江南制造局翻译馆的工作则更引人注目。该馆自1871年开始出版译著,前后出书160余种,其中相当部分是关于近代各门科学的理论译著,数学方面有《代数学》、《微积溯源》、《三角数理》等,物理学方面有《电学》、《声学》、《光学》等,化学方面有《化学鉴原》、《化学分原》、《化学求数》、《化学源流论》等,农业学方面有《农学理说》、《农务全书》、《农学津梁》等,医学方面有《内科理法》、《西药大成》等。此外还有天文学方面的《谈天》、地质学方面的《地学浅释》等,总之,数、理、化、农、医、天、地,几乎各门学科的理论都有所译介。这些译著对人们系统地了解近代各门科学的原理,起了重要的作用。

科学著作的译介,更多地属学理的层面。与之相辅相成的,是科学知识的普及工作。19世纪70年代,上海创办了《格致汇编》。这是一份具有科普性质的杂志,近代的著名化学家徐寿在《格致汇编·序》中指出:尽管翻译馆出版了不少科学译著,但"所虑者,僻处远方,购书非易,则门径且难骤得,何论乎升堂入室?急宜先从浅近者起手,渐及而至见闻广远,自能融会贯通矣"①。就研究的角度言,"从浅近者起手",意味着对科学理论的把握,应由简而入繁、由易而至难;就科学的社会接受和认同言,它则涉及普及与启蒙的工作。《格致汇编》的前12卷即以《格致略论》为主题,主要介绍了一些通俗的自然科学常识,内容涉及日月星辰、风雨雷电,以及动物植物、人体结构等。该杂志还设有问答栏目,解答各地读者提出的科学问题。这一

---

① 〔清〕徐寿:《格致汇编·序》,傅兰雅主编,《格致汇编》,1876年第一卷。

类杂志尽管在 19 世纪后半期不算很多,但它的问世,毕竟从一个方面表明:科学开始在较以前为广的社会范围中走向民众。

与科学普及的要求和趋向相呼应,一些洋务知识分子甚而提出了将科学与科举联系起来的设想。在薛福成的以下思考中,便不难看到这一点:

> 如乡会试兼考算学,则凡天学、地学、化学、电学、重学、热学、声学等皆可旁及,而总以算学为归。算学书以《几何原本》为最要。凡考得者先予记名,遇有修葺城郭、兴筑炮台、测量舆地、制造器械、操练水雷等事,则用之,似于大局必有裨益。①

科举在当时仍是知识分子走向社会上层(出仕)的重要途径,科举的内容,对教育、学术等发展,具有直接的导向作用:当科学成为科举的考试科目时,举业教育便相应地将向科学敞开大门。类似的看法亦见于其他洋务知识分子,如郑观应认为,科举中的文武二科虽可保留,但应增加新的内容,"即使制艺为祖宗成法未便更张,亦须令于制艺之外,习一有用之学:或天文,或地理,或算法,或富强之事。苟能精通制艺,虽不甚佳,亦必取中。如制艺之外一无所长,虽文字极优,亦置孙山之外。如此变通推广,或亦转移世运之一端乎?"②所谓转移世运,既意味着实现富国强兵,亦包含着改变社会时尚之意(由仅仅关注制艺,扩及兼顾科技)。尽管薛福成、郑观应辈所提出的设想还具有理想蓝图的性质,但这些蓝图的提出,本身也折射了时代思潮的某种变化。

---

① 〔清〕薛福成:《出使英法义比四国日记》,第 710 页。
② 〔清〕郑观应:《郑观应集》上,第 292—293 页。

作为观念的转换,从技的推重到学的认同既在一个更为内在的层面推进了对科学价值的普遍肯定,也扩展了科学的作用范围。19世纪中期以后,近代的知识分子不仅把格致之学视为制器强国的基础,而且亦将其与礼乐教化联系起来:

> 泰西各国学问,亦不一其途,举凡天文、地理、机器、历算、医、化、矿、重、光、热、声、电诸学,实试实验,确有把握,已不如空虚之谈。而自格致之学一出,包罗一切,举古人学问之芜杂一扫而空,直足合中外而一贯。盖格致之学者,事事求其实际,滴滴归其本源,发造化未泄之苞符,寻圣人不传之坠绪,譬如漆室幽暗而忽燃一灯,天地晦冥而皎然日出。自有此学而凡兵农、礼乐、政刑、教化,皆以格致为基。是以国无不富而兵无不强,利无不兴而弊无不剔。①

写下这段话的王佐才是格致书院的学生,以上引文录自1886年格致书院考课的答卷。格致书院建立于19世纪70年代初,1879年开始招收学生,其学习科目中近代科学占了主要的比重。王佐才的以上答卷所回答的题目是:"中国近日讲富强之术当以何者为先?"王氏对这一问题的回答可以简要的概括为:讲富强之术,当以格致之学(科学)为先。值得注意的是,王佐才在论述中把格致之学视为一切学问的统一体,它不仅构成了耕战(兵农)的基础,而且制约着礼乐教化。相对于制器、耕战,礼乐教化已涉及一般的思想观念、社会生活、行为模式;在格致之学与礼乐教化的如上沟通中,似乎可以看到科学向社

① 〔清〕王佐才:《课艺答卷》,参见《格致书院课艺》第一册,光绪十九年(1893年)。

会各个层面渗入的趋向。科学的地位，由此亦被提到相当高的程度。作为格致书院的普通学生，王佐才对格致之学作用的以上认识，亦从一个方面反映了当时受过近代科学洗礼的知识界对科学的一般看法。

　　事实上，与王佐才相近的观点亦见于其他洋务知识分子，包括有相当成就的科学家。著名化学家徐寿在致李鸿章的信中便指出：

　　　格致之学，大之可跻治平，小之可通艺术，是诚尽人所宜讲，求今日所当急务也。①

如果说，王佐才以格致之学为礼乐教化之基，多少流露了青年学子对科学的某种情感认同，那么，徐寿则是以科学家的深思熟虑，肯定了科学的普遍制约作用。在传统思想中，治国平天下更多地与经学相联系，魏源所谓以经术为治术，便上接了这一传统。徐寿要求以格致之学跻治平，似乎使科学获得了"经学"的意义，而科学的社会功能，亦由此得到了进一步的扩展。

　　与格致之学的如上提升相应，科学开始向道趋近。在比较中西学术时，郑观应指出："盖我（中）务其本，彼（西）逐其末；我晰其精，彼得其粗。我穷事物之理，彼研万物之质。秦汉以还，中原板荡，文物无存，学人莫窥制作之原，循空文而高谈性理。于是我堕于虚，彼征诸实。不知虚中有实，实者道也；实中有虚，虚者器也。合之则本末兼赅，分之乃放卷无具。"②征于实，是近代格致之学的特点，虚则涉及形而上的义理。按传统的道器之辨，道是形而上者，属虚；器则是形而下者，属实。但在郑观应看来，实之中亦包含道，从而，征于实的

---

　　① 〔清〕徐寿：《上李鸿章书》，《申报》第 780 号，同治十三年十月初三日。
　　② 〔清〕郑观应：《郑观应集》，第 242—243 页。

格致之学,亦开始向道靠拢。尽管郑观应在此仍以本末论虚(义理之学)实(格致之学),但他肯定虚实道器之合,反对二者之分,无疑对格致之学与道作了某种沟通。

类似的观点亦常常从其他洋务知识分子中流露出来。薛福成在肯定"技"基于学的同时,又进一步将格致之学与道联系起来:"斯殆造化之灵机,无久而不泄之理,特假西人之专门名家以阐之,乃天地间公共之道,非西人所得而私也。"①作为器、技之源,格致之学所指向的,是外部世界普遍必然之理;就其内容的普遍、客观而言,格致之学亦具有道的性质。尽管薛福成在此主要强调了格致之学的普遍性,反对将其归结为西方的专利,但以格致之学为"天地间公共之道",无疑又体现了对科学的理解由"技"到"道"的演进,值得注意的是,这种理解已不仅仅基于对科学外在作用的认识,而且亦以科学本身的内在品格(普遍必然性)为根据。

不过,如果作进一步的分析,便不难看到,在洋务知识分子中,"道"实际上被区分为两种形态,其一是作为天地间普遍必然之理的"道",其二则是作为价值体系核心原则的"道";与格致之学相联系的道,主要是就前一意义而言,而后一意义的道,则体现于传统的价值系统之中。从器、技与学的关系上看,格致之学固然普遍有效,因而具有道的性质,但就其与价值体系的关系而言,它则被摒除在道之外。正是在后一意义上,郑观应认为:"西人不知大道,囿于一偏。"②此所谓"道",便是就价值观而言。在郑观应看来,西方诚然在近代科学上有所长,但在价值观的层面,却并没有达到道;如欲在价值观上臻于道,便必须回归孔孟的传统,而按郑观应的预测,西方的格致之

---

① 〔清〕薛福成:《出使英法义比四国日记》,第 132 页。
② 〔清〕郑观应:《郑观应集》,第 242 页。

学以后亦必将朝这一方向发展:"今西人由外而归中,正所谓由博返约,五方惧入中土,斯即同轨、同文、同伦之见端也。由是本末具,虚实备,理与数合,物与理融,屈计数百年后,其分歧之教必浸衰,而折入于孔孟之正趋;象数之学必研精,而潜通乎性命之枢纽,直可操券而卜之矣。"①这种西方将向中国求道的推断,似乎可以视为 20 世纪初梁启超、梁漱溟辈同类议论的先声。当然,这里重要的并不是对孔孟之道的推崇以及与之相联系的文化优越感,而是其中关于格致之学与传统之道的定位:在西人所代表的格致之学与体现传统价值体系的"孔孟正趋"之中,后者才是具有终极价值的"道"。

在薛福成那里,同样可以看到对格致之学的二重理解。如前所述,相应于关注之点由器、技到学的转换,薛福成将格致之学视为天地间公共之道。但在谈到格致之学与尧舜周孔之道的关系时,对格致之学的定位便发生了变化:

今诚取西人器数之学,以卫吾尧、舜、禹、汤、文、武、周、孔之道,俾西人不敢蔑视中华。吾知舜、禹、汤、文、武、周、孔复生,未始不有事乎此,而其道亦必渐被乎八荒,是乃所谓用夏变夷者也。②

这里既涉及中西关系,又展开为道器(技)之辨;相对于周孔之道,格致之学似乎主要呈现为卫道的手段。作为卫道的工具,格致之学显然又附属于道。从这一角度看前文提到的格致之学与礼乐教化和治

---

① 〔清〕郑观应:《郑观应集》,第 243 页。

② 〔清〕薛福成:《筹洋刍议·变法》,《薛福成选集》,上海:上海人民出版社,1987 年,第 556 页。

平的关系,则不难理解,它所强调的,并不是转换传统的价值体系,而主要是格致之学在社会生活中的作用,这种作用在逻辑上亦包括维系既成的价值系统。

可以看到,在洋务知识分子中,格致之学似乎被赋予二重规定:较之坚船利炮,它已超越了器、技而向道趋近;就价值领域而言,它则仍在道之外。一方面,随着对器、技、学认识的不断深化,格致之学的社会作用和内在价值逐渐得到了不同程度的确认,从肯定格致之学为制器之基与礼乐教化之基,到视格致之学为天地间公共之道,都表明了这一点,而科学的地位亦随之一再地得到了提升。但同时,洋务知识分子对科学的理解,在相当程度上又受到中体西用观念的制约。自冯桂芬提出"以中国之伦常名教为原本,辅以诸国富强之术"①之后,"中学为体,西学为用"便浸浸然成为洋务知识分子的普遍思维模式。所谓西学,首先便是指格致之学,而中学则涉及文化深层面的传统价值系统。在中体西用的思维定势下,对科学的价值认同,总是受到某种限制,而"技"亦难以完全达到"道"。后者固然表现了维护传统价值体系的保守立场,但同时亦在某种意义上内含着以价值理性范导技术理性的取向。

## 三 技 进 于 道

19世纪末,随着维新运动的兴起,具有维新倾向的近代思想家的目光开始进一步由形而下的器与技,转向了思想、观念、制度等层面,思想的启蒙与观念的变革成为思想家们关注的重要问题。以之为背景,对科学的理解与阐发,也往往与思维方式、价值观念等彼此交错

---

① 〔清〕冯桂芬:《校邠庐抗议·采西学议》。

互渗。在近代思想的这一衍化过程中,科学不仅由器、技提升为天地间公共之道(作为自然之理的"道"),而且开始被引向价值观意义上的道。

如前所述,薛福成、郑观应等洋务知识分子已表现出超越器、技的趋向,维新思想家大致上承了这一思路。在分析西方所以强盛的原因时,康有为指出:"泰西之强,不在军兵炮械之末,而在其士人之学、新法之书。凡一名一器,莫不有学。理则心伦、生物,气则化、光、电、重,蒙则农、工、商、矿,皆以专门之士为之,此其所以开辟地球,横绝宇内也。"①同样,中国欲变法图强,也必须注重科学:"夫中国今日不变法日新不可,稍变而不尽变不可,尽变而不兴农、工、商、矿之学不可,欲开农、工、商、矿之学,非令士人通物理不可。"②这些看法,与洋务知识分子"格致为基,机器为辅"之说相近,体现了近代思想衍化的历史延续性。

不过,与洋务知识分子主要注目于格致之学本身有所不同,维新思想家要求超越外在的作用(事之见端),进而把握格致之学内含的深层"命脉":

今之称西人者,曰彼善会计而已,又曰彼擅机巧而已。不知吾今兹之所见所闻,如汽机兵械之伦,皆其形下之粗迹,即所谓天算格致之最精,亦其能事之见端,而非命脉之所在。其命脉云何?苟扼要而谈,不外于学术则黜伪而崇真,于刑政则屈私以为公而已。③

--------

① 〔清〕康有为:《日本书目志序》,《康有为全集》第三集,上海:上海古籍出版社,1992年,第583—584页。

② 同上书,第585页。

③ 〔清〕严复:《严复集》,北京:中华书局,1986年,第2页。

在以"器"为形下之粗迹这一点上,严复与洋务知识分子并无分歧,但较之洋务知识分子停留于从器到学的转换,严复强调格致之学本身仍属形于外者,而并未达到内在的命脉。从格致之学的角度看,所谓命脉,即是黜伪而崇真;简而言之,即"真"的原则。作为命脉,"真"的原则已不仅仅与制器等过程相联系,而是同时具有某种普遍的价值观意义。在此,作为科学的格致之学,已开始越出器物研究的层面,向价值系统趋近。如果说,真体现了后来所谓"科学的精神",那么,与"真"相辅相成的"公",则多少内含着近代民主政治的意识;以"真"与"公"为命脉,在一定意义上可以视为20世纪初叶推崇"赛先生"和"德先生"的先声,而二者的这种历史联系,亦从一个方面彰显了"黜伪崇真"的价值观意义。

以"真"为命脉的格致之学,在社会文化的发展中往往被赋予优先的地位,从严复的以下论述中,便不难看到这一点:"格致之学不先,偏僻之情未去。束教拘虚,生心害政,固无往而不误人家国者。"①这里的格致之学,已不仅仅被视为器技之源,而且决定着社会的安危。在肯定格致之学的普遍作用上,这种看法与视格致为礼乐教化之基的论点无疑有相通之处。不过,在严复那里,格致之学对社会的作用,又是通过若干环节而实现的,其中,群学(社会学)又具有重要的地位,总起来,格致之学、群学、社会的发展之间呈现为如下关系:"夫唯此数学者(指数学、逻辑学、力学、化学等格致之学——引者)明,而后有以事群学,群学治,而后能修齐治平,用以持世保民以日进于郅治馨香之极盛也。"②这里有两点值得注意:其一,科学之域已由自然科学扩及社会科学;其二,在总体上,自然科学具有更为本源的

---

① 〔清〕严复:《严复集》,第6页。
② 同上书,第7页。

意义：它构成了群学所以可能的根据。前者表现了科学涵盖面的扩展，后者则突出数学等格致之学的本位性；二者从不同的角度展示了科学的泛化趋向。

对维新知识分子来说，格致之学的本位性，首先通过内含于其中的方法论原则而得到体现。在分析近代器技日新、科学昌明的根源时，严复写道：

> 是以制器之备，可求其本于奈端（牛顿）；舟车之神，可推其源于瓦德（瓦特）；用电之利，则法拉第之功也；民生之寿，则哈尔斐（哈维）之业也。而二百年学运昌明，则又不得不以柏庚（培根）氏之摧陷廓清之功为称首。学问之士，倡其新理，事功之士，窃之为术，而大有功焉。①

培根曾撰《新工具》，其中既有消极意义上的破，又有正面的立；破主要表现在对思辨的、独断的思维方式的批评，与之相反相成的则是对近代科学方法的正面阐述。从主要倾向看，培根所倡导的，是经验归纳的方法，而在严复看来，这种方法论便是近代格致之学的内核：近代科学的发展，最终奠基于科学方法之上。

严复从方法论上考察近代科学，对近代科学的理解无疑更为深入了。相对于器技，理论形态的格致之学更内在地体现了科学的品格；相对于各门具体科学的理论形态，科学方法则从更普遍的层面展示了科学的特征和精神。从器技到格致之学，由格致之学再到科学方法，对科学内在本质和作用的认识确乎展开为一个层层深化的过程。不过，严复将培根视为近代科学方法论的奠基者，其考察的视域

---

① 〔清〕严复：《严复集》，第29页。

和角度又有值得注意之点。从近代科学方法的演变看,伽利略在培根以前已对近代科学的方法作了较为系统的论述,而这种论述又在相当程度上表现为对伽利略自己及其同时代人科学研究过程的总结和概括,他对实验、演绎系统(特别是数学推论)、理想化方法的注重,已涉及了近代科学方法本质的方面。相形之下,培根则首先是一位哲学家,他对科学方法的阐释,往往以其经验论为出发点,其方法论主要表现为一种哲学的概括。在近代科学史上,对科学研究方法产生更直接制约作用的,是伽利略:相对于伽利略对科学家共同体的切实影响,培根的工作更多地表现为哲学的启蒙。以此为背景考察严复对培根作用的评价,显然颇有意味:当严复将培根视为近代科学昌明的源头时,他所涉及和关注的,与其说是科学发展的内在之缘,不如说是科学的社会启蒙意义。

事实上,严复在介绍、阐释科学的内在要素、环节的同时,往往亦从思维方式、思想观念等方面强调其意义。传统观念、社会环境的影响,常常会使人产生某种"心习"(思维定势),而在严复看来,科学便具有改变这种"心习"的作用:

> 气质固难变也,亦变其心习而已。欲变吾人心习,则一事最宜勤治:物理科学是也。……一切物理科学,使教之学之得其术,则人人尚实心习成矣。呜呼! 使神州黄人而但尚实,则其种之荣华,其国之盛大,虽聚五洲之压力以沮吾之进步,亦不能矣。①

作为"变"的对象,"心习"主要是尚虚的思维取向,"变"则有转换之

———————————

① 〔清〕严复:《严复集》,第282页。

意;这种转换的具体内容,便是由尚虚走向尚实。在这里,科学被赋予了转换观念的功能,而观念的转换又与民族的发展、国家的强盛联系在一起;从而,科学对"心习"的转换又作为救亡图强的思想观念层面的前提,获得了超越实证研究的普遍意义。

从普遍的思想观念之维理解科学,其逻辑的引申便是科学范畴与哲学范畴的相互交融。谭嗣同曾对以太与仁、爱等作了沟通:"遍法界、虚空界、众生界,有至大、至精微,无所不胶黏,不贯洽、不莞络,而充满之一物焉,目不得而色,耳不得而声,口鼻不得而臭味,无以名之,名之曰以太。其显于用也,孔谓之仁,谓之元,谓之性;墨谓之兼爱;佛谓之性海,谓之慈悲,耶谓之灵魂,谓之爱人如己、视敌如友;格致家谓之爱力、吸力,咸是物也。"[①]以太的概念最早出现于古希腊,表示一种媒质。17 世纪以后,它又被用来指称光的传播媒介及解释电磁、引力作用;尽管这一概念本身后来被证明带有思辨性,但在 19 世纪,它却基本上被理解为表示某种自然对象的自然科学概念。然而,在谭嗣同那里,自然科学论域中的以太,与作为哲学范畴的仁、爱等却完全被等量齐观;从而,形下的科学对象,与形上的哲学原则,似乎已被上下打通。这种理论现象,同时也存在于康有为、严复等人之中,如康有为在《大同书》中,便把以太与"不忍人之心"等加以等同。

形下与形上的如上沟通,与当时自然科学本身的某些特点亦有联系。即以"以太"这一概念而言,它被用来标示某种媒介和媒质,但却始终没有得到实验的证明,在相当程度上是一种思辨的设定,事实上,20 世纪的科学,便已抛弃了这一概念。类似的问题还体现在对"电"、"热"、"力"等现象的理解和解释上。关于电,《格致汇编》的解

---

① 〔清〕谭嗣同:《谭嗣同全集》,北京:中华书局,1981 年,第 293—294 页。

释是:"电气能遍通万物,无时不存,无处不到,与热相同。""电气为万物中最灵最巧者,今人尚未明其全理。"①关于热,《格致汇编》则作了如下的说明:"热者,万物无不有之,且为极要者也。但热之究为何物,尚未有格致家考之详也,或以为热乃极薄而希之流质也,或以为热乃体质不可少之性情,或为因体之质点而恒动而生也。"②总之,电、光、热等所谓"无分量之物","其究竟之性,实乃秘奥而不可测量者也"。③ 不难看出,19世纪,一些具体科学领域还存在着尚未解决的问题,并不同程度地渗入了某些思辨的解释;而经过当时出现于中国的科学读物的中介,其中思辨的内容往往被进一步渲染。《格致汇编》这一类科学读物,甚受维新思想家的推崇,如康有为便将《格致汇编》列为了解近代西方科学的入门书,并肯定"《格致汇编》最佳"④。这种读物所夹杂的思辨内容,也十分自然地影响了近代的维新知识分子。这里似乎存在着一种交互作用:中国文化中的形上背景,使近代思想家在译介西方科学时,往往较多地注目于其中渗入的思辨之维;经过如此中介的近代科学,又构成了形上与形下互渗互融的根源之一。

以形上与形下的沟通为前提,维新知识分子往往倾向于对科学作普遍的提升。这里首先应当一提的,是进化论。作为一种科学理论,进化论至迟在19世纪的80年代已被初步介绍到中国,钟天纬在19世纪80年代初写的《格致说》中,便已介绍了达文(达尔文)的环球考察活动及其《物种起源》一书,指出该书"论万物之根源,并论万

① 《格致汇编》卷七,1876年(光绪二年)。

② 《格致汇编》卷六。

③ 《格致汇编》卷四。

④ 〔清〕康有为:《长兴学记·桂学答问·万木草堂口说》,北京:中华书局,1988年,第39页。

物强存弱灭之理。其大旨谓：凡植物动物之种类,时有变迁,并非缔造至今一成不变。其动物、植物之不合宜者渐渐消灭,其合宜者得以永存,此为天道自然之理"①。这里已涉及了物种进化、适者生存等进化论的原理。不过,进化论的系统引入和引申阐发,则与严复的工作相联系。严复在 19 世纪末对西方近代思想作了多方面的输入,其中,进化论是他用力最多的西学之一。在作于 1895 年的《原强》中,严复便用了相当的篇幅,对达尔文的进化论作了介绍。在 1898 年正式出版的《天演论》中,②严复对进化论作了更系统的译介。从内容上看,严复无疑对作为科学理论的进化论有十分具体的了解和把握,在《原强》中,我们便可以读到如下文字:"其(达尔文)为书证阐明确,厘然有当于人心。大旨谓: 物类之繁,始于一本。其日纷日异,大抵牵天系地与凡所处事势之殊,遂至阔绝相悬,几于不可复一。然此皆后天之事,因夫自然,而驯致若此者也。"③这里所谈的,大致是物种演化的自然科学理论,它表明严复对进化论的本来含义并不陌生。

然而,尽管严复对作为生物演化学说的进化论有充分的理解,但他的兴趣之点却并不在这一具体科学的层面。在介绍达尔文的进化论的同时,严复又一再地注目于斯宾塞的理论,并将其学说亦归入进化论之下。以前文提到的《原强》而言,紧接着达尔文,严复便引入了斯宾塞的学说,并认为其书"精深微妙"。在《天演论》的案语中,严复对斯宾塞更是极为推崇:

① 〔清〕钟天纬:《刖足集外篇·格致说》,光绪二十七年。

② 1898 年以前,已出现了《天演论》的刊本,如 1895 年陕西味经售书处已印过此书,但这并不是定本,书中亦无严复的自序。《天演论》的正式出版是在 1898 年。

③ 〔清〕严复:《严复集》,第 5 页。

斯宾塞尔者,与达(尔文)同时,亦本天演著《天人会通论》,举天、地、人、形气、心性、动植之事而一贯之,其说尤为精辟宏富。其第一书开宗明义,集格致之大成,以发明天演之旨。第二书以天演言生学。第三书以天演言性灵。第四书以天演言群理。最后第五书,乃考道德之本源,明政教之条贯,而以保种进化之公例要术终焉。呜呼! 欧洲自有生民以来,无此作也。[①]

斯宾塞是一位实证主义的哲学家,他固然在达尔文以前已经提出了若干进化论的思想,但作为哲学家,其进化论思想更多地是基于哲学的沉思,而相对地缺乏实证考察的根据。这种具有思辨性质的进化论,显然不同于实证科学意义上的进化论。然而,在严复那里,二者却被归入进化论的同一范畴之下。值得注意的是,在两种形态的进化论中,严复将斯宾塞的进化论放在更为重要的地位,在《译〈天演论〉自序》中,严复即指出:"有斯宾塞尔者,以天演自然言化,著书造论,贯天地人而一理之,此亦晚近之绝作也。"[②]而上文所谓"其说尤为精辟宏富"、"欧洲自有生民以来,无此作也"云云,更以斯宾塞、达尔文两相比较的方式表明了其倾向性。

斯宾塞的进化论之所以更受到严复的推重,当然有其内在的缘由。较之达尔文主要关注于自然领域的物种演化及其规律,斯宾塞从其综合哲学的立场出发,往往将进化论思想运用于社会领域,以此考察社会现象,并强调竞争在社会演化中的作用。这种思路,与严复以"适者生存"、"优胜劣败"的进化论观点论证救亡图存、自强保种的历史必要性,显然比较合拍。事实上,严复以相当赞赏的口气肯定斯

---

① 〔清〕严复:《严复集》,第 1325 页。
② 同上书,第 1320 页。

宾塞"以保种进化之公例要术终焉",已明示：正是斯宾塞将进化论与保种联系起来,适合了严复以进化论唤起救亡意识的历史意向。它同时也从一个方面表明：严复所关注的,主要不是进化论的科学内涵,而是其普遍的社会启蒙意义。

可以看到,通过达尔文进化论与斯宾塞进化论的如上沟通,作为实证科学的进化论,已开始引向作为政治哲学与思辨哲学的进化论。事实上,在严复那里,进化论并非仅仅被视为一种科学的理论。毋宁说,它首先呈现为关于普遍之道的学说——天演哲学。正是基于对进化论的这种理解,严复将进化论广泛地运用于自然与社会现象的考察。就自然而言,严复以质力相推解释宇宙的演化过程,并借用斯宾塞的看法,将自然的变化视为一个由简而繁的过程："翕以合质,辟以出力,始简易而终杂糅。"①"翕以合力"体现于天体演化,即展开为太空中星云的收摄凝聚过程,太阳系即由此而形成;星云中的质点凝聚时,产生了热、光、声及机械的运动,其能量不断地被消耗,这一过程表现为"辟以出力"。质力的如此交互作用,构成了从星云到星系的演化。

在生物领域,严复以达尔文的物竞天择来解释物种的演化："物竞者,物争自存也,天择者,存其宜种也。意谓民物于世,樊然并生,同食天地自然之利矣。然与接为遘,民民物物,各争有以自存。其始也,种与种争,群与群争,弱者常为强肉,愚者常为智役。……此所谓以天演之学言生物之道者也。"②生物都为各自的生存而彼此竞争,不适合环境条件的往往被淘汰,最适应环境的物种则得以生存。

进化过程不仅展开于自然界,而且也存在于社会领域。严复以

---

① 〔清〕严复：《严复集》,第 1320 页。
② 同上书,第 16 页。

进化论的观点考察社会历史领域,认为人与动物一样,也遵循自然选择的规律。但人类与动物又有所不同,因为人能结成一定的社会群体(能群):"夫民相生相养,易事通功,推以至于刑政礼乐之大,皆自能群之性以生。"①社会进化以群体为形式,而社会制度(刑政礼乐)则是进化过程的产物。经过自然选择和群与群的竞争,善群者存,不善群者灭,社会组织及维系社会组织的道德意识得到了发展。当然,严复以进化论考察社会演变的更深层的意图,在于以此为自强保种的历史要求提供论证:"今者外力逼迫,为我权借,变率至疾,方在此时……我何为而不奋发也耶!"②列强进逼,根据物竞天择的进化法则,中国若再不奋起图强,便难以自存。

总之,从天体到生物,从自然到社会,进化的法则支配着宇宙间的诸种现象,进化论则同时被提升为普遍的天演哲学,获得了世界观的意义。进化论从生物科学到哲学世界观的这种泛化,一开始便以救亡图强的时代需要为其背景。从思想史上看,进化论在西方诞生之后,对哲学也产生了重要的影响,从尔后柏格森的生命哲学、实用主义哲学等诸种形态中,便不难看到这一点;然而,将其形上化为贯穿天人、宰制万物的普遍之道,并同时赋予它以自然哲学和政治哲学的双重含义,则似乎是中国近代独特的现象,它从一个方面折射了科学从技到道的衍化过程。

科学在19世纪末的泛化,当然并不限于进化论。与严复主要致力于从科学进化论到天演哲学的提升有所不同,谭嗣同等更多地关注于科学概念与政治理念之间的沟通。如前所述,谭嗣同将以太、电与仁、心力等而同之,并以"通"为其共同的内涵。通的表现形式又被

① 〔清〕严复:《严复集》,第16页。
② 同上书,第27页。

规定为四种：即中外通，上下通，男女内外通，人我通；所有这些不同意义上的通，最终又指向一个更根本的目标，即平等："通之象为平等。"①平等是近代民主政治的理念，而在谭嗣同那里，这种理想的社会政治关系又以电、以太为其本体论的根据：以太、电等的无所不在、融通万物，构成了社会领域中外、上下、男女、人我之间彼此沟通、平等的前提。在如下文字中，谭嗣同对这一关系作了更明确的表述："电气即脑，无往非电，即无往非我，妄有彼我之辨，时乃不仁。虽然，电与脑犹以太之表著于一端者也，至于以太，尤不容有差别。"②这里既有超越自我中心之意，又表达了一种无差别的平等理想，而整个推论的出发点，则是电、以太在人我、物我中的普遍贯通。在同样的意义上，谭嗣同以数学的方程，来比附社会的平等："平等生万化，代数之方程是也。"③作为政治理念的普遍根据，以太、电、代数方程等等，已开始由科学领域的概念，转换为具有形上意义的哲学范畴。

平等与对待相对。欲达到平等，便必须破对待，而在谭嗣同看来，破对待的过程也离不开格致之学："声光化电气重之说盛，对待或几几乎破矣。欲破对待，必先明格致。……由辨学而算学，算学实辨学之演于形者也；由算学而格致，格致实辨学、算学同致于用者也。""格致明而对待破，学者之极诣也。"④不难看出，谭嗣同对数学这样的科学分支有着颇为深入的理解：将数学与逻辑联系起来，便已较为具体地把握了数学的演绎性质，而把数学与格致之学区分开来，则意味着注意到了数学与物理学等自然科学的区别。然而，在以上的论述中，数学及具体科学却被视为破对待的手段，而破对待最后又旨在达

---

① 〔清〕谭嗣同：《谭嗣同全集》，第 291 页。
② 同上书，第 295 页。
③ 同上书，第 292 页。
④ 同上书，第 317 页。

到平等;从而,算学与格致之学亦被赋予某种政治理念的意义。

与科学概念内涵的转换相联系,科学的方法也开始被运用于政治理念的论证。康有为曾著《实理公法全书》,对所谓"人类公理"作了系统的论述,而其中所运用的,便是几何学的方法。在论述中,先立"实理",次设"公法",然后再作论证,它所模仿的,便是几何学中公理、定义、证明等演绎系统。在总论人类中,康有为首先列出"人各合天地原质以为人"、"人各具一魂"等实理,然后设"人有自主之权"等公法,紧接着便以公理为根据对人有自主之权加以论证:"此为几何公理所出之法,与人各分原质以为人,及各具一魂之实理全合,最有益于人道。"①乾嘉时期,戴震亦曾试图以几何学的方法建构其哲学系统,但这种运用还具有隐含和潜在的特点,康有为在此则更自觉地将几何学作为论证的方式。在自编年谱中,他曾明确地指出自己"以几何著《人类公理》"②。从理论的层面看,康有为的以上论证过程显然并没有达到几何推论的那种严密性,但就其对几何学作用的理解而言,这里又表现出将几何学形上化的趋向:作为科学的几何学,在此已与平等、自主等"人类公理"相互融合。

科学与政治理念的沟通,主要展开于社会政治领域;在维新思想家中,科学的形上向度并不限于此。康有为曾作《诸天讲》,以破"天地"旧说。在该书中,康有为根据他当时所了解的地理学与天文学知识,对地球、月球、太阳、太阳系的诸星,如水星、金星、火星、木星、土星等,以及彗星、流星等等作了详尽的介绍。对天地的解说本来首先属科学(天文学等)之域,然而,在康有为那里,它却同时又与人生的意境联系在一起。以地球的考察而言,地球作为太阳系中的一星,亦

---

① 〔清〕康有为:《康子内外篇》,北京:中华书局,1988年,第36页。
② 〔清〕康有为:《康南海自编年谱》,北京:中华书局,1992年,第13页。

可说即存在于天上,而地上之人亦相应地可以视为天上之人,康有为由此作了如下发挥:

> 吾人夕而仰望天河、恒星,其光烂烂然,又仰瞻土、木、火、金、水与月之清光灿灿然,谓之为天上。瞻仰美慕,若彼诸星有生人者,则为天上人。……岂知诸星之人物,仰视吾地星,亦见其光棱照耀,焕炳辉煌,转回在天上,循环在日边,犹吾地之仰视诸星也,犹吾地人之赞慕诸星之光华在天上,为不可几及也。故吾人生于地星上,为星中之物,即为天上之人。吾十六万万人皆为天人。吾人既自知为天上之人,自知为天人,则终日欢喜极乐,距耀三百,无然畔援,无然韵美矣。①

地球存在于太阳系之中,这是天文学领域的知识,但康有为在此却并没有从天文学的角度对此作进一步的分析,而是以人的存在为基点,着重阐发了它对人生的意义:所谓"天上",作为人的居住之地,已不仅仅是天文学之域的空间概念,而是表现了一种存在的境界;天上之人,则是达到了某种境界的主体,所谓"欢喜极乐"云云,便是指体验到"天人"意境之后将产生的精神状态。作为科学的天文学,在这里已被引向了人生境界的理论。

在同为讨论地球的《地篇》中,开宗明义的第一段,康有为首先并未从天文学与地理学的角度界定地球的性质,而是以"人生于地之乐"为主题:"仰而望之,五色云霞,舒卷丽空,万里长风,扇和荡通,震雷走霆,垂雨驾虹,天光泻影,氛霭烟朦。日月并照以生万汇育群虫。既悦心而娱目,亦养体而舒中。吾人生于此地,不假外求,不须制造,

---

① 〔清〕康有为:《诸天讲》,北京:中华书局,1990年,第12页。

而自在享受于无穷,岂非人生之至乐哉。"①本来应以天文学与地理学为内容的地球研究(地篇),在此被转换为一种诗意的描述,而它的背后,则蕴含着一种乐观的人生取向;换言之,作为科学的天文学,构成了人生取向的本体论根据。

同样,对恒星的考察,也往往渗入了形上的内容。在谈到恒星的特点时,康有为便常常由星的规定,引申到人的存在:"星惟有真光者,乃能达远。日与各恒星有真光,盖集热而成之者。日集诸流星之热,积而成之,惟热而后生光,惟热而后有力。集之真,积力久,广大博厚,故能光远而自他有耀,悠久而无疆也。惟人亦小日也。孟子言:浩然之气,至大至刚,充实而有光辉,是集义所生,则塞天地,信哉!"②孟子所谓浩然之气,主要表现为主体的一种道德力量,充实有光辉,则指理想的人格总是表现为凝于内与形于外的统一。③ 然而,康有为在此却由天文学意义上的集热而生光,引出道德领域的集义而成人格;科学意义上的天文学,再次作为道德哲学的前提而超越了实证科学的界域。

概而言之,在近代的维新思想家中,科学经历了多方面的转换:伴随着从进化论到天演哲学的衍化,作为科学的进化论开始获得了普遍的世界观意义;相应于电气、以太及算学、几何学、格致之学与平等、自主等的沟通,科学逐渐与政治理念相融合;以天文学为精神境界、理想人格的根据和前提,则使科学的形上之维向人生领域扩展。在如上层层的泛化过程中,科学被进一步由技、学,提升到道的形态。

①　〔清〕康有为:《诸天讲》,北京:中华书局,1990 年,第 11 页。
②　同上书,第 96 页。
③　参见杨国荣:《善的历程——儒家价值体系的历史衍化及其现代转换》第二章,上海:上海人民出版社,1994 年。

事实上,严复便明确地将科学的原理,与传统哲学中的道、理加以会通:"自然公例,即道家所谓道,先儒所谓理。"①这种道,已不仅仅是就自然对象的普遍联系而言,它同时亦被赋予某种世界观和价值观的意蕴。

---

① 〔清〕严复:《严复集》,第 1051 页。

# 第四章

# 科学主义：多重向度

　　随着由"技"而"道"的演进，科学在近代逐渐经历了一个形而上的过程。20世纪初叶，随着科举制的废除及新式学校的兴起，科学逐渐在社会教育系统中占有了一席之地，而科学观念的认同也相应地获得了较为普遍的基础。"五四"前后，在各种"主义"的引入和论争中，经过不断泛化的科学开始进一步被提升为一种主义；"五四"时期曾产生重要影响的刊物《新潮》，便明确地把"科学的主义"，列为办刊的宗旨之一。①而在当时众多的"主义"中，科学又以其普遍的涵盖性独领风骚。与引向"主义"相应，科学开始多方面地渗

---

　　① 傅斯年：《〈新潮〉之回顾与前瞻》，《新潮》第2卷，第1号，1919年10月。

入社会文化的各个领域,并渐渐衍化为一种价值—信仰体系。

## 一 科学化：知识领域的科学主导

科学的凯歌行进,首先表现在知识的领域。从历史上看,中国传统的知识、学术在相当长的时期中带有未分化的特点。特别是自汉代以后,经学不仅成为正统的意识形态,而且逐渐构成了主要的知识与学术领域。尽管从现代学科分类的角度去考察以往学术,我们似乎亦可以划分出不同的领域,但在其传统的形态下,这些领域却往往都被涵盖在经学之中。即使到了清代,音韵学、训诂学、校勘学、金石学、地理学等具体领域的研究有了相当的发展,在某种程度上甚至出现了梁启超所谓"附庸蔚为大国"的格局,但就总体而言,它们仍从属于经学,而未能获得独立的学术品格。直到近代,随着经学的终结和西学的东渐,具有独立意义的学科,诸如哲学、文学、历史学、经济学、社会学、人类学等等,才开始分化出来,在 20 世纪初,这些学科逐渐取得了较为成熟的形态。

近代意义上诸种学科的出现,同时也可以看作是知识与学术领域的分化过程,它在某种意义上与科学的形上化(泛化)呈现为一种同步的态势,并构成了科学在知识领域建立霸权的历史前提。以各个知识领域的独立和分化为背景,将科学提升为"主义"的近代思想家们,往往倾向于知识的划界;知识的这种划界,主要便表现为科学与非科学的分野。中国科学社的核心人物之一任鸿隽曾明确指出:"科学为正确智识之源。"[①]在科学与玄学的论战中成为科学派主将的丁文江,后来进而对知识问题作了这样的阐释:

①　任鸿隽：《吾国学术思想之未来》,《科学》第 2 卷,第 12 期,1916 年 12 月。

知识问题也要下几句注解。我说以"科学知识"为向导，其实科学二字是可省的，因为我相信不用科学方法所得的结论都不是知识；在知识界内科学方法万能。[1]

在此，知识与非知识成为壁垒分明的两大领域，而科学则似乎构成了知识的唯一形态：唯有经过科学方法的洗礼，才有资格进入知识之域。类似的看法亦见于"五四"前后知识界的领袖人物蔡元培，尽管蔡元培对艺术等的作用予以了相当的关注，但在知识问题上，却仍强调："科学发达以后，一切知识道德问题，皆得由科学证明。"[2]质言之，科学之外无知识。

以科学为知识的合理形态，决定了不同的学科、学术领域，都应以科学化为其追求的目标。知识的这种科学化追求，首先表现为对自然科学方法的普遍仿效。在谈到历史学时，傅斯年曾作了如下解说："近代的历史学只是史料学，利用自然科学供给我们的一切工具，整理一切可逢着的史料。"[3]关于历史学与史料学关系的如上规定是否确当，可暂且不议；这里使我们感兴趣的，是以自然科学的方法，作为人文学科(历史学)的工具。这种由自然科学所提供的工具，显然不限于哲学层面的一般方法论原理，而是同时涉及具体的操作环节和程序。与自然科学方法的如上引入相联系，具体的科学形态往往成为知识的理想范型，正是基于以上看法，傅斯年提出了如下要求："要把历史语言学建设得和生物学、地质学等同样。"[4]历史语言研究

---

[1] 丁文江：《我的信仰》，《独立评论》第 100 期，1934 年 5 月。

[2] 蔡元培：《致〈新青年〉记者函》，《新青年》第 3 卷，第 1 号，1917 年 3 月。

[3] 傅斯年：《历史语言研究所工作之旨趣》，《国立中央研究院历史语言研究所集刊》第一本，第一分，1928 年 10 月。

[4] 同上。

所是当时权威性的学术机构,以达到生物学、地质学这样的科学形态作为其"工作旨趣",无疑较为典型地表现了科学在知识界的普遍渗入。

科学化的追求,当然不仅仅体现于历史学的领域。任鸿隽在展望中国学术思想的未来时,便明确地把科学化视为其归宿:"吾国之学术思想,偏于文学。……其变也,必归于科学。"①这里所涉及的,已是广义的思想文化领域。五四时期新潮社的重要成员毛子水从学术研究的角度进一步对此作了发挥:

> 因为研究学术的最正当的方法就是科学的方法,所以科学——广义的科学——就是合法的学术。因此我们现在要研究学术,便应当从研究现代的科学入手。②

此所谓现代的科学,首先是指自然科学。在这里,科学(首先是自然科学)的洗礼构成了学术取得合法形态的前提;科学对知识的的入主在更广的层面得到了确认。

类似的看法亦见于自然科学及人文学科领域以外的思想家,这里首先可以一提的是孙中山。在著名的《孙文学说》中,孙中山指出:"凡真知特识,必从科学而来也,舍科学而外之所谓知识者,多非真知识也。"③孙中山首先是从事政治实践的革命者,但在其观念的深层,却同样可以看到科学至上的时代思潮的影响。在科学之外无真知的口号下,科学成为唯一合理的知识形态;而孙中山的革命背景,则使

---

① 任鸿隽:《吾国学术思想之未来》,《科学》第 2 卷,第 12 期,1916 年 12 月。

② 毛子水:《〈驳新潮国故和科学的精神〉篇订误》,《新潮》第 2 卷,第 1 号,1919 年 10 月。

③ 孙中山:《孙中山选集》上卷,北京:人民出版社,1962 年,第 146 页。

对科学的认同进一步与政治的信念融合在一起。

值得注意的是,早期的一些马克思主义者也在某种意义上表现出对科学普遍有效性的确信。陈独秀在谈到社会领域的知识时,曾指出:"社会科学是拿研究自然科学的方法,用在一切社会人事的学问上,象社会学、伦理学、历史学、法律学、经济学等,凡用自然科学方法来研究、说明的都算是科学;这乃是科学最大的效用。"①在这里,自然科学的方法的引入亦被理解为社会、人文知识所以可能的前提。就其把社会领域的知识视为运用自然科学方法的结果而言,陈独秀的这种看法与傅斯年等似乎颇为一致。不同的是,陈独秀还试图进一步以此来解释马克思的理论:"欧洲近代以自然科学证实归纳法,马克思就以自然科学的归纳法应用于社会科学。……马克思所说的经济学或社会学,都是以这种科学归纳法作根据,所以都可相信的,都有根据的。"②把马克思的学说归结为自然科学归纳法的应用,这种解释模式本身的非"科学"性是显而易见的,而在这种不科学的解释中,却不难看到以科学君临整个思想知识领域的倾向。

将自然科学视为不同知识领域的理想范型,当然并不是 20 世纪初叶中国思想界独有的现象。事实上,哈耶克在 20 世纪 40 年代初所作的《科学主义与社会研究》一文中,已对社会科学及人文学科简单搬用和效法自然科学家的科学语言与科学方法提出了批判,并把这种倾向称之为"科学主义"。③ 索雷尔进而把以上的科学主义倾向视为一种信仰:"科学主义是一种信仰,它认为科学,特别是自然科学,是人类知识中最有价值的部分——之所以最有价值,是因为科学最

---

① 陈独秀:《新文化运动是什么?》,《新青年》第 7 卷,第 5 号,1920 年 4 月。

② 陈独秀:《马克思的两大精神》,《广东群报》,1922 年 5 月 23 日。

③ F. A. Hayek, "Scientism and the Study of Society", *Econimica*, 9, 1942; 10, 1943; 11, 1944.

具权威性、最严密、最有益。"①哈耶克的批评与索雷尔的解说,显然是针对当时思想界与知识界已存在的现象而发,它同时亦表明,自然科学研究模式向不同知识领域的渗入,是科学成为"主义"之后的重要特征。

与各个学术思想领域普遍引入科学方法、追求科学模式相应,科学本身也被理解为一个不断延伸的过程。吴稚晖曾乐观地推断,各门学科"向前愈进,即科学之区域愈大,进不已,大亦无穷"②。换言之,知识之域的每一进展,都意味着科学领地的扩展,科学在此似乎构成了知识发展的极限:知识的任何增长,都无法超越科学的界域。这种观点当然并非仅见于个别人物。事实上,在吴稚晖以前,曾留学美国、后来成为中国科学社中坚人物之一的胡明复,便已具体地表述了类似的看法:

> 科学之范围大矣:若质,若能,若生命,若性,若心理,若社会,若政治,若历史,举凡一切之事变,孰非科学应及之范围?虽谓之尽宇宙可也。③

对科学范围的如上规定,内在地涉及科学与知识领域的关系:将整个宇宙人生都视为科学的一统天下,同时亦意味着一切知识领域的科学化。

知识的科学化追求,有其多方面的历史意蕴。如前所述,作为知识理想形态的科学,首先是指科学方法,这种科学方法固然往往与自

---

① Tom Sorell, *Scientism: Philosophy and the Infatuation with Science*, p.1.
② 吴稚晖:《李石岑讲演集·序》,上海:商务印书馆,1924 年。
③ 胡明复:《科学方法论一》,《科学》第 2 卷,第 7 期,1916 年。

然科学纠缠在一起,但亦涉及一般的方法论原理,后者包括强调逻辑推论、注重事实验证等等。从历史上看,某些传统的学术研究与知识领域往往对形式逻辑注意不够,与之相联系,思想与知识的形态常常主要作为实质的系统而存在,而缺乏形式的体系。同时,经学传统中的经典疏解,也往往使研究过程较多地导向义理的揣摩,并由此渐渐疏离实证之域而趋向于思辨化和独断化。就此而言,将逻辑推论、实证态度提到重要地位,无疑有助于在学术研究中达到实质的体系与形式的体系之统一,并消解由经学研究而形成的思辨化、独断化传统。事实上,具有科学主义倾向的思想家,即一再地将科学与独断论对立起来,所谓"学科学的人最反对独断式的言论"①,便表明了这一点。逻辑的注重和实证的原则与经学传统的如上消解相结合,构成了学术与知识领域走向近代的一个重要方面;实事上,知识的科学化与学术的近代化,在 20 世纪的历史进程中往往很难截然分隔。

然而,以科学为知识的理想形态,并把科学化作为划分知识与非知识的唯一准则,同时内含着在知识领域中确立科学霸权的意向。在科学之外无知识的观念之下,科学似乎成为知识合法性的主要根据。这里所谓知识的科学化,不仅涉及一般科学方法的运用,而且亦意味着狭义上的科学(包括自然科学的研究模式)向各个知识领域的扩展;而无论是广义的研究方法,还是狭义的科学模式,主要又被理解为两个方面,即逻辑的形式与实证的原则。从宽泛的意义上看,知识总是包括一般的认识成果和思维成果,而认识和思维的成果则既很难仅仅以自然科学的研究方式来规定,也无法以单一的逻辑框架和实证模式去裁套。以逻辑化与实证化为知识的准则,必然导致知

---

① 丁文江:《玄学与科学——答张君劢》,《努力周报》第 54 期,1923 年 5 月 27 日。

识领域的贫乏化。确实,在科学向各个知识领域的扩展中,对知识本身的理解往往也变得片面化了。以人文学科而言,在科学化的追求中,人文学科作为知识的合法性似乎一再面临危机:因为它在很多方面显然难以满足实证的要求。

科学向各个知识领域的扩展,从一个方面表现了以科学来统一不同知识领域的趋向。事实上,在具有科学主义倾向的早期实证主义那里,便已开始关注科学的统一。孔德(Auguste Comte)提出了实证哲学的体系,而实证哲学同时又被理解为各门科学的一种综合。在孔德看来,"实证精神拥有构成我们知性最终统一的自发能力"①。马赫(Ernst Mach)通过感觉的分析,提出了所谓"中立要素"论,并试图在此基础上实现科学的统一。作为实证主义第三代形态的逻辑经验主义,同样以科学统一性为追求的目标。当然,相对于马赫的心理主义趋向,逻辑经验主义更多地将科学的统一与科学的语言联系起来。卡尔纳普(P. R. Carnap)即把物理语言提到了重要的地位,以为用物理语言记录的观察结果,可以避免自我中心的困境,并达到主体间的一致性。由此,卡尔纳普进而认为,这种超越了私人性的物理语言能够普遍地运用于科学的各个学科,而科学语言的统一,最终又可以引向科学本身的统一。中国近代具有科学主义倾向的思想家,同样持有类似的观点,丁文江便从对象与方法上,强调物质科学与精神科学的统一:"我们说物质科学同精神科学没有根本的分别,因为他们所研究的材料同为现象,研究的方法同为归纳。"②

科学的统一所涉及的,并不仅仅是科学内部各个学科之间的关

① 〔法〕孔德:《论实证精神》,北京:商务印书馆,1996年,第18页。
② 丁文江:《玄学与科学——答张君劢》,《努力周报》第54期,1923年5月27日。

系,作为一种理想的追求,它往往指向科学之外的领域。从科学内部看,科学统一含义之一在于使科学认识成果具有可通约性,但广义的认识成果并不限于科学,由科学的统一进而达到一般知识领域的统一,是一种合乎逻辑的进展。换言之,科学统一的理想,总是包含着向一般知识领域扩展的要求:20世纪初中国思想界出现的知识科学化的追求,可以看作是科学的统一由内向外延伸的逻辑结果。而这种延伸与扩展所内含的历史意向,则是在知识领域普遍地建立科学的霸权。

当然,在20世纪初的中国,科学化的追求又有其较为独特的历史背景。如前所述,科学向各个知识领域的扩展,是以经学的终结为前提的。经学的终结作为一种历史现象,似乎包含二重意义:一方面,随着经学独尊时代的过去,各门学科的分化与独立逐渐成为可能;另一方面,在学术思想的领域,向经学告别又意味着传统的统一模式的解体。学术与知识领域的分化,逻辑地引发了不同知识领域的相互关系问题;原有统一形态的解体,则使如何重建学术、知识与思想的统一变得突出起来。20世纪初的一些中国思想家以科学的普遍渗入和扩展来沟通各个知识领域,无疑表现了重建学术与知识统一的趋向。然而,颇有历史意味的是,作为知识统一主要形态的科学,在某种意义上似乎成为一种新的"经学"。


## 二　科学视野与人的存在


由科学的统一,进而追求学术、知识的普遍科学化,主要展示了科学入主各个知识领域的历史要求。与科学向知识领域的普遍扩展相联系的,是科学向人生领域的渗入。知识主要是一种观念形态的文化领域,人生则涉及人的存在;以科学统一知识,进而到以科学统一人生,意味着科学开始在更广的意义上被引入人的存在领域。

人生观首先涉及对人本身的规定。从科学的观点考察人,则人与作为科学研究对象的一般机械并没有什么本质的不同:

> 人与机械的异点,并没有普通所设想的那么大。人类的行为(意志作用也是行为)是因于品性的结构,与机械的作用由于机械的结构同理。①

质言之,人是机器。作为与机器同类的存在,人便成为可以用科学方法或科学操作程序来处理的对象,而人生的过程则似乎近于机械的运作。可以看到,人生的科学化,必然逻辑地导致了人生的机械化。

人的机械性质,决定了人生领域与科学世界受制于同一法则。在科学与玄学的论战中,科学派一再强调科学与人生观的统一性,这种统一的体现形式之一,便是二者都服从相同的因果法则。唐钺在谈到因果律时,曾指出:"一切心理现象是受因果律支配的",以人生观而言,人生观"无非是纯粹思想、意志、人格等的表现,这几件,我们都知道他们不是无因的了"。② 那么,具体而言,人生观之因又是什么? 唐钺对此作了如下解释:

> 人生观不过是一个人对于世界的万物同人类的态度。这种态度伴随着一个人的神经构造、经验、知识等而变,神经构造等就是人生观之因。③

---

① 唐钺:《机械与人生》,《太平洋》第4卷,第8号,1924年9月。
② 唐钺:《心理现象与因果律》,载《科学与人生观》,上海:亚东图书馆,1923年。
③ 同上。

因果法则对人生观的制约,在此即表现为神经构造等对人的作用。神经构造在广义上属于人的生理结构。一般而言,生理结构总是具有既定的性质:它往往通过遗传而赋予个体,非个人所能自主选择。作为人生观中因果联系的表现形式,生理、神经结构对人的作用无疑带有机械决定的性质。在这种因果作用的方式下,人的自由似乎变得相当有限。

从科学的角度看,因果法则更多地体现了对象世界的有序性。就研究过程和认识形态而言,科学又常常被赋予理性的规定。谭鸣谦(新潮社的重要成员)便在《新潮》上著文对科学作了如下的界说:"科学者,以智力为标准,理性为权衡。彼对诸宇宙现象,靡论自然界,精神界,皆诉诸理性。"①在此,科学的研究主要被理解为一个理性化的过程。陈独秀对科学亦持类似的看法,在著名的《敬告青年》一文中,陈独秀对科学下了如下定义:"科学者何?吾人对于事物之概念,综合客观之现象,诉之主观之理性而不矛盾之谓也。"②质言之,合乎理性构成了科学的内在特征,而合乎理性与合乎逻辑(无矛盾)又具有一致性。

与科学引入人生观相应,科学的理性之维也决定了人生观的理性向度。人生观总是涉及情与理等的定位,任鸿隽曾对情与理的关系作了如下解说:

> 是故文学主情,科学主理。情至而理不足则有之,理至而情失其正,则吾未之见也。③

---

① 谭鸣谦:《哲学对于科学宗教之关系论》,《新潮》第 1 卷,第 1 号,1919 年 1 月。

② 陈独秀:《敬告青年》,《新青年》第 1 卷,第 1 号,1915 年 9 月。

③ 任鸿隽:《科学与教育》,《科学》第 1 卷,第 12 期,1915 年 12 月。

文学以情为内容,科学以理为精神。在学术知识的领域,任鸿隽的理想是使传统学术思想由"偏于文学"而"归于科学"①,在人生之域,这一理想则具体化为以理正情。知识的科学化与人生的理性化,在这里似乎达到了一致。

对人生过程的如上看法,使人很自然地联想到传统哲学的某些看法。理与情的关系在中国传统哲学中常常表现为性与情之辨。魏晋时期,王弼提出了性其情之说,②其基本含义是以性统情和化情为性,二程对此作了发挥。从内涵上看,情属于广义的心,作为心的一个方面,它处于感性经验的层面。在《颜子所好何学论》中,程颐提出了如下看法:

> 天地储精,得五行之秀者为人。其本也真而静,其未发也五性具焉,曰仁义礼智信。形即生矣,外物触其形而动于中矣。其中动而七情出焉,曰喜怒哀乐爱恶欲。情即炽而益荡,其性凿矣。是故觉者约其情使合于中,正其心,养其性,故曰性其情。愚者则不知制之,纵其情而至邪僻,梏其性而亡之,故曰情其性。③

这里提出了性情关系上的两种原则,即性其情与情其性。性其情的含义已如前述,情其性则意味着以情抑制性。程颐吸取并发挥了王弼性其情之说,以此拒斥了情其性。情性关系上的这一原则,后来亦得到朱熹的一再肯定。④ 在程朱那里,与化人心为道心一样,性其情

① 任鸿隽:《吾国学术思想之未来》,《科学》第 2 卷,第 12 期,1916 年 12 月。
② 参见〔魏〕王弼:《周易·乾卦》注。
③ 〔宋〕程颢、程颐:《二程集》,北京:中华书局,1981 年,第 577 页。
④ 参见〔宋〕朱熹:《朱子语类》卷五十九等。

表现了理性本质的泛化趋向,在这一过程中,与感性存在相联系的人之情多少失去了其相对独立的品格:它唯有在同化于普遍的理性本体之后,才能存在于主体意识。不难看出,任鸿隽的以理正情,与传统哲学的性其情,显然颇有相通之处。近代具有科学主义倾向的思想家固然往往对传统的思想持批评的态度,但在其意识的深层,却常常又浸润着传统的观念。在从科学走向人生观的过程中,传统道德领域的理性主义主流,似乎为科学与人生的沟通作了某种理论上的铺垫。

在科学精神与理性的交融中,人生的过程往往呈现出现实的功利之维。陈独秀曾对科学精神与功利主义的关系作了如下阐述:

> 总之,人生真相如何,求之古说,恒觉其难通。征之科学,差谓其近是。……此精神磅礴无所不至,见之伦理道德者,为乐利主义。[1]

质言之,科学可以解决人生问题,而科学在人生领域的表现形式之一,便是功利主义。作为科学人生观的体现,功利主义还构成了道德的担保:"自广义言之,人世间去功利主义无善行。"[2]一般而言,功利主义有二重性:就其将道德上的善还原为苦乐等感性的因素而言,它无疑表现出经验主义的倾向,就其注重利益的理性谋划、计较而言,又内含理性主义的向度;前者往往导致人生的物化,后者则与理性化的构成相一致。在科学的人生观中,这二重趋向似乎兼而有之。

从历史上看,科学精神与功利原则的结合,在科学主义的早期形

---

[1]　陈独秀:《今日之教育方针》,《新青年》第 1 卷,第 2 号,1915 年 10 月。

[2]　陈独秀:《质问东方杂志社记者》,《新青年》第 5 卷,第 3 号,1918 年 9 月。

态中便已露其端倪。孔德在其社会静力学中指出,每个人都有利己与利人之心,只有当利己与利人趋于一致时,社会才能达到和谐。尽管这里还没有直接将功利效果作为价值判断的准则,但它本质上仍是从利益关系上来考察社会伦理现象。穆勒(J. S. Mill)进而明确地提出了功利原则,主张以是否增进幸福为评判行为的准则,而所谓幸福与不幸,最终又还原为快乐和痛苦。西方科学主义的如上理论趋向在中国近代也得到了某种折射,从严复那里,便不难看到这一点。严复曾对脱离功利的传统伦理观念提出了批评:

> 董生曰:正宜不谋利,明道不计功。泰东西之旧教,莫不分义利为二涂。此其用意至美,然而于化于道皆浅,几率天下祸仁义矣。①

这一批评之后所蕴含的基本前提,便是对功利原则的确认。在严复看来,判断一种行为,不仅要视其是否有"善志"(好的动机),而且必须以"善功"(好的社会功效)为根据,这里既表现出对人生之中"物"这一层面的注重,又渗入了理性的计较。② 20 世纪初有关人生观的科学主义立场,可以看作是如上趋向的延续。

从科学化的人生观出发,具有科学主义倾向的思想家往往将科学的活动,视为达到完美人生的前提。在谈到科学活动与人生的关系时,丁文江便指出:

> 了然于宇宙、生物、心理种种的关系,才能够真知道生活的

---

① 〔清〕严复:《严复集》,第 858 页。

② 参见杨国荣:《从严复到金岳霖——实证论与中国近代哲学》第一章,北京:高等教育出版社,1996 年。

乐趣。这种活泼泼的心境,只有拿望远镜仰察过天空的虚漠,用显微镜俯视过生物的幽微的人,方能参领得透彻,又岂是枯坐谈禅,妄言玄理的人所能梦见。①

运用科学仪器而展开的仰察俯视,更多地属狭义的认知过程;人生的乐趣,则包含着价值的追求。在前一过程中,人主要表现为一种理性的主体,而在人生的追求中,人则是包括情、意等多方面规定的具体存在。丁文江以为唯有通过科学的活动,才能达到完美的人生之境,似乎主要把人理解为一种科学认知的主体;这一意义上的人,无疑具有单面的性质。

　科学不仅使人懂得生活的乐趣,而且规定了善的方向并给人以为善的技能:"惟有科学方法,在自然界内小试其技,已经有伟大的成果,所以我们要求把他的势力范围,推广扩充,使他做人类宗教性的明灯:使人类不但有求真的诚心,而且有求真的工具;不但有为善的意向,而且有为善的技能。"②为善的意向涉及的是"应当",为善的技能则主要关乎"如何"。从如何为善的角度看,道德行为确乎需要以相关的知识为其条件,但丁文江将为善的意向与为善的技能合而为一,以为二者均由科学的方法所决定,这就把道德行为仅仅理解为一个科学认知的问题,这种看法与视人生主体为科学认知的主体显然前后一致。值得注意的是,在这里,人生似乎同时被理解为科学方法所运用的对象:科学方法的运用从自然扩及人,便可形成向善、为善的过程。与这一思路相应,人亦既被规定为科学认知的主体,又被看

---

①　丁文江:《玄学与科学——评张君劢的〈人生观〉》,《努力周报》第 49 期,1923 年 4 月 22 日。

②　丁文江:《玄学与科学——答张君劢》,《努力周报》第 54 期,1923 年 5 月 27 日。

作是科学认知的对象：人在双重意义上被科学化了。

总之，在科学化的形式下，人更多地表现为理性的主体和逻辑的化身，人的情感、意志、愿望等经过理性与逻辑的过滤，已被一一净化，而人自身在某种意义上则成为一架科学的机器。与这一科学视野中的人相应，人生过程亦告别了丰富的情意世界，走向由神经生理系统及各种因果法则制约的科学天地：科学的公式代替了诗意的光辉，机械的操作压倒了生命的涌动。不难看到，随着科学对生活世界的主宰，人生观似乎变得漠视人本身了。

## 三 社会领域的"技治"取向

人生领域更多地与个体的存在相联系，在人生领域之外，是更广的社会文化过程。由人生的科学化进而外推，便涉及科学与社会文化过程的关系。与人生观上的科学走向相一致，近代的一些思想家亦试图以科学的精神实现社会文化的转换。五四时期出版的《少年中国》，便明确提出了如下宗旨："本科学的精神，为文化运动。"[1]以科学改造社会、重建文化，确乎构成了一种普遍的时代意向。

五四时期，科学与民主并足而立，成为新文化运动的两面旗帜。相对而言，民主更多地关联着社会政治的变革，但民主本身在当时的思想家看来又总是与科学息息相关，陈独秀将二者比之为舟车之两轮："近代欧洲之所以优越他族者，科学之兴，其功不在人权说下，若舟车之有两轮焉。"[2]对科学与民主的这种沟通，同时也似乎为科学对社会政治变革的作用提供了根据。事实上，陈独秀便把科学视为社

---

[1] 《〈少年中国〉月刊的宣言》，《少年中国》第 1 卷，第 1 期，1919 年 7 月。
[2] 陈独秀：《敬告青年》。

会进步的条件：

> 我们相信尊重自然科学实验哲学，破除迷信妄想，是我们现在社会进化的必要条件。①

从科学与民主的并立，到科学为社会进步的前提，科学的精神进一步渗入了社会政治哲学。

科学向社会历史领域的扩展，首先表现于社会政治结构的设计。1922年5月，《努力周报》以政治宣言的形式，发表了《我们的政治主张》一文。该文的实际起草者是胡适、丁文江等，署名者大多为当时北京大学的教授及其他知名知识分子。宣言所讨论的，主要是政治变革的问题，其目标则是建立"好政府"。所谓好政府的内涵包括："在消极的方面是要有正当的机关可以监督，防止一切营私舞弊的不法官吏。在积极的方面是两点：（1）充分运用政治的机关为社会全体谋充分的福利。（2）充分容纳个人的自由，爱护个性的发展。"这里所涉及的政治监督、个人自由、社会福利等，也就是当时理解的民主政治的主要内容之一，而把这些目标与政治机关联系起来，则蕴含着对机构运作、操作程序的注重。

为了达到以上目标，宣言还提出了政治变革的三项原则：

第一，我们要求一个"宪政的政府"，因为这是使政治上轨道的第一步。

第二，我们要求一个"公开的政府"，包括财政的公开与公开考试式的用人等等；因为我们深信"公开"（Publicity）是打破一切黑幕的唯一武器。

---

① 陈独秀：《〈新青年〉宣言》，《新青年》第7卷，第1号，1919年12月。

第三,我们要求一种"有计划的政治",因为我们深信中国的大病在于无计划的漂泊,因为我们深信计划是效率的源头,因为我们深信一个平庸的计划胜于无计划的瞎摸索。①

无庸讳言,这里所罗列的,无非是近代民主政治某些初始的方面,从政治学的角度看,其内容似乎近于常识。当然,在当时政治生活处于无序状态的时代背景下,宪政、公开、计划等要求,无疑有其历史的合理性:尽管这种要求本身包含着很多空幻的色彩,但相对于少数军阀和政客操纵政府的政治格局,政治有序化的要求毕竟不失为一种近代的理想。

然而,与有序化的追求相应,在以上的政治主张中,亦包含着把政治的运作与技术性的程序联系起来的趋向。从运用正当机关进行政治监督、以正当机关保障社会福利,到宪政的实施、行政的公开化、政治的计划化,等等,政治生活主要表现为一个可以用某种机构和程序来控制的过程。尽管民主政治总是有其程序的规定,这种程序对效率、公正等亦有某种程度上的担保作用,但如果过分地强调这一方面,亦容易将社会政治的运作,主要理解为一种技术性的操作。现代社会的发展,在某些方面已表现出这种特点,所谓技术控制,已不仅仅体现于工艺、生产等过程,而且在相当程度上也渗入于社会的政治领域:政治生活的过程,在一定意义上往往如同机器的运行。

20世纪初的中国思想家,当然还没有后来技术社会那种具体的设想,但他们对"正当的机关"、"计划"、"宪政"等的"深信",以为借助这些环节和程序就可以实现所谓"好政府"的理想,确乎内含着某种政治生活技术化的意向。正是这种意向,构成了科学主义的又一

---

① 胡适、丁文江等:《我们的政治主张》,《努力周报》第 2 期,1922 年 5 月 14 日。

表现形式。约翰·齐曼(J. M. Ziman)曾指出了这一点:"政治的唯科学主义的最宏伟的形式,就等同于技治主义。"①胡适、丁文江尽管并未完全达到这种现代意义上的技治主义,但其思维趋向,却显然与之有相近之处。

由肯定社会政治领域的有序性而要求社会政治运作的科学化,同时又表现为对科学普遍有效性的确信。从科学向知识领域的扩展,到科学入主人生观,再进而追求社会政治运行过程的科学化,这是一个科学层层泛化的过程,而期间又有内在的逻辑关联。与中国具有科学主义趋向的思想家几乎同时,作为西方第三代实证主义的维也纳学派,在1929年发表了题为《维也纳学派的科学世界观》的著名"宣言",向世人郑重宣告:

> 我们将会看到,科学世界观的精神将越来越广泛深入地按照理性的原则渗透到个人的和公共的生活方式中去,渗透到教育、陶冶、组织机构以及经济的和社会生活方式中去。②

要而言之,科学精神将普遍地推向社会的各个领域:从个人生活到公共机构,都将一无例外地受科学精神的支配。这种乐观的预言,与胡适、丁文江辈的以上看法颇有异曲同工之妙,它在相当程度上表现了科学主义的共同立场。

社会政治的变革作为技术化的操作,往往又被理解为一个解决具体问题的过程。按照胡适等近代思想家的看法,科学的认知本质

① 〔英〕约翰·齐曼:《元科学导论》,长沙:湖南人民出版社,1988年,第269页。

② 〔美〕M. W. 瓦托夫斯基:《维也纳学派和社会运动》,《哲学译丛》,1985年第2期。

上与解题相联系:"问题是知识学问的老祖宗;古今来一切知识的产生与积聚,都是因为要解决问题——要解答实用上的困难或理论上的疑难。"①科学的这种解题性质,同样体现于社会政治领域。与政治运作的科学化追求相一致,胡适亦赋予社会政治的变革以解题的形式。在著名的问题与主义之争中,胡适便明确地表明了这一立场:"请你们多提出一些问题,少谈一些纸上的主义。"按胡适的看法,当时中国存在着诸多急需解决的问题,"从人力车夫的生计问题,到大总统的权限问题;从卖淫问题到卖官卖国问题,从解散安福部问题到加入国际联盟问题,从女子解放问题到男子解放问题",等等,社会变革首先应当从解决这些问题入手。

社会领域变革的解题性质,也决定了其作用的方式。正如科学研究中的解题总是要运用科学方法一样,社会领域的解题,也离不开科学的方法,而其具体步骤则被概括为:"认清我们的问题,集合全国的人才智力,充分采用世界的科学知识与方法,一步一步地作自觉的改革。"②简言之,社会变革的途径即是运用科学的知识与方法,解决具体的问题,这种操作程序,大致以科学活动为其原型。通过不断地解题而达到的,则是所谓"现代"的社会:"'现代的'总括一切适应现代环境需要的政治制度,司法制度,经济制度,教育制度,卫生行政,学术研究,文化设备等等。"③这里固然内含了对社会现代化的追求,但其中无疑亦渗入了如下观念,即通过程序化的机构来担保社会的有序运作,后者也可以看作是"技治"理想的一种体现。

相对于胡适辈关注于个别、具体问题的实证论倾向,早期的马克

① 胡适:《赠与今年的大学毕业生》,《胡适论学近著》上卷,上海:商务印书馆,1935年,第525页。

② 胡适:《我们走哪条路》,《胡适论学近著》上卷,第452页。

③ 同上。

思主义者似乎更多地将注重之点指向历史过程的必然性。在谈到个人意志与历史必然性的关系时,瞿秋白曾指出:

> 一切动机(意志)都不是自由的而是有所联系的;一切历史现象都是必然的。所谓历史的偶然,仅仅因为人类还不能完全探悉其中的因果,所以纯粹是主观的说法。[1]

在此,历史被理解为一个完全受因果法则支配的必然过程,历史的偶然性则被视为主观的因素而剔除出历史过程。对历史过程的这种理解,多少带有某种机械的决定论色彩。而在线性的因果必然性的形式下,社会领域与自然对象似乎也彼此趋近:二者都受制于同一的科学法则。

作为必然的世界,社会领域给人的作用所提供的范围,便变得相当有限:相对于历史中的必然力量,个人仅仅具有工具的意义,即使历史上的伟大人物,也并不例外:"社会发展之最后动力在于'社会的实质'——经济;由此而有时代的群众人生观,以至于个性的社会理想;因经济顺其客观公律而流变,于是群众的人生观渐渐有变革的要求,所以涌出适当的个性。此种'伟人'必定是某一时代或某一阶级的历史工具。"[2]这里既包含着对社会结构的理解,亦涉及对社会活动主体的规定:社会展现为一个以经济为动力的自我运行过程,而个人则是这一过程借以实现的手段(工具)。

对社会历史过程的以上理解,无疑通过肯定历史发展的规律性

---

[1] 瞿秋白:《自由世界与必然世界》,《瞿秋白选集》,北京:人民出版社,1985年,第116页。

[2] 同上书,第127—128页。

而超越了囿于偶然现象的实证论观点。然而,它与经典马克思主义历史观的距离,亦是显而易见的:马克思从未将经济作为社会的唯一动因。从这种忽略了偶然性的历史观中,无疑可以看到科学主义的某种浸染:在剔除了一切偶然性的纯粹必然趋向中,历史和人生似乎也成了可以用类似实验科学的方法来处理的对象。瞿秋白的以下论述更直接地表明了这一点:"每一'时代的人生观'为当代的科学知识所组成;新时代人生观之创始者便得凭借新科学知识,推广其个性的人生观使成时代的人生观。"①科学知识不仅决定着人生观,而且亦制约着广义的社会历史过程:就其按纯粹必然性运转而言,社会在某些方面似乎如同一部机器,而以工具形式存在的个人则类似其中的部件;作为机器,社会确乎可以用"学科学知识"来处理。不难看出,尽管对科学的内涵及社会的本质有着完全不同的理解,但在试图将科学的方式引入社会领域上,作为早期马克思主义者的瞿秋白与作为实证主义者的胡适似乎又有某种相通之处。

稍作分析便不难发现,在社会运行与科学的如上关联之后,蕴含着某种合理性的追求。无论是程式化的机构运作,抑或具体的解题操作,都在一定意义上表现为一个理性化的过程,而普遍的因果法则,则构成了理性化追求的本体论前提。作为实现社会有序运转的一种努力,理性化的过程又内含着对秩序的确信:所谓因果大法,往往被理解为内在于自然和社会的秩序,而社会机器的程式化操作,即以这种法则为根据。也正是这种秩序的信念,使社会政治领域的科学化趋向与广义的科学活动有了更为切近的联系。怀特海在谈到现代科学的特征时,曾指出:

---

① 瞿秋白:《自由世界与必然世界》,《瞿秋白选集》,第126页。

我们如果没有一种本能的信念，相信事物之中存在着一定的秩序，尤其是相信自然界中存在着一定的秩序，那么，现代科学就不可能存在。①

这种信念，实际上具有本体论的意义：它所肯定的是理性运演与对象结构的一致性。科学活动总是试图揭示对象的稳定联系，而这种努力的前提则是承认对象存在有序的结构。理性化的追求与确认秩序的本体论观念，总是难分难解地联系在一起，它既内在于科学活动之中，又体现于社会领域"技治"（程序化运作）的过程；在这里，狭义的科学活动与社会领域广义的"科学化"进程，确乎彼此趋近。

当然，"科学化"追求中的秩序观念，并不仅仅是西方近代科学的单向移入，它有着更为悠深的传统根源。历史地看，中国哲学很早就表现出探求形而上之道的趋向。就本体论之维而言，道作为存在的根据，首先展现为对世界统一性的一种规定；为道（追问普遍之道）的过程既包含超越具体现象的意向，又渗入了关于世界是一个有序系统的信念。宋明时期，随着理气、道器之辨的展开，道、理及其与器、气的关系，进一步成为哲学关注的中心问题之一。在程朱一系的哲学家中，理逐渐被提升为世界的第一原理。从形而上的角度看，理内含着普遍的秩序观念：所谓物物皆有其理，意味着每一对象都有稳定的内在联系；理一分殊则把整个世界理解为一个有序的结构。虽然在理学的论域，理常常被赋予当然之义，从而与伦理的规范纠缠在一起，并在某种意义上表现为当然之则的形而上化，但作为当然的理，本身亦被视为社会领域人伦秩序的象征。在理的形式下，天地万物

---

① 〔英〕A. N. 怀特海：《科学与近代世界》，北京：商务印书馆，1989 年，第 4 页。

与社会人伦都表现为一个有序的系统。理学要求格物致知、即物穷理，既包含着对形而上的宇宙秩序的追寻，又以社会人伦秩序的把握为其内容。

理与道及其蕴含的秩序观念，构成了中国文化精神的内在维度；作为深层的传统，它也制约着近代思想家的思维方向。尽管近代的思想家一再地对传统提出种种批判，其锋芒所向，甚而常兼及道、理等形而上的范畴，但传统的批判者本身又难以完全摆脱传统的影响，即使如丁文江、胡适这样的实证主义者，也未能例外。在其统一知识、人生观的努力以及对社会有序运作的确信中，不难看到普遍的秩序观念。这一思维趋向甚至也体现在对科学方法的理解中，丁文江便认为："科学的方法，是辨别事实的真伪，把事实取出来详细的分类，然后求他们的秩序关系。"[①]这里既可以看到注重具体事物的科学向度，亦内含着万物皆有秩序的"形而上"确信。

从近代历史的演进看，科学向社会政治领域的渗入，亦经历了一个逻辑的过程。严复提出"开民智"，试图通过传布实测内籀之学、进化理论（天演哲学）、自由学说等而使社会普遍地接受近代的新思想，以实现维新改良的政治理想。这里已不仅开始把科学的观念与社会的变革联系起来，而且表现出以理性的运作影响社会的趋向。五四时期，科学与民主成为启蒙思潮的两大旗帜，如果说，民主的要求作为维新改良的继续，更多地指向社会政治的变革，那么，科学的倡导则更直接地上承了"开民智"的主张；科学与民主的双重肯定，无疑亦从一个方面确认了科学理性在社会变革中的作用。科学功能在社会领域的进一步强化和扩展，便逻辑地蕴含着导向某种"技治"主义的

---

① 丁文江：《玄学与科学——评张君劢的〈人生观〉》，《努力周报》第 49 期，1923 年 4 月 22 日。

可能：胡适、丁文江等试图通过机构的程序化运作、有计划的解题等来担保社会的秩序及民主进程，便多少表明了这一点。在 20 世纪初的科学主义走向中，我们确乎可以看到历史与逻辑的双重制约。

## 四　作为价值—信仰体系的科学

从重建学术、知识的统一，到入主人生领域；从生活世界的存在，到社会政治领域的运行，科学的影响涵盖了社会的各个方面。随着向各个社会领域的这种扩展，科学的内涵也不断被提升和泛化：它在相当程度上已超越了实证研究之域而被规定为一种普遍的价值—信仰体系。在 1917 年所撰的《再论孔教问题》一文中，陈独秀便明确主张"以科学代宗教"。胡适在《科学与人生观·序》中，也自称为"信仰科学的人"。作为信仰的对象，科学显然已不同于实证的具体知识形态，而是被赋予了某种世界观的意义。正是内涵的如上转换，使 20 世纪初的"赛先生"（科学）成为文化变革的重要旗帜。

20 世纪初的思想界，在推崇与倡导科学的主潮之外，亦存在怀疑、批评、责难科学的潜流。一些坚持传统价值体系的知识分子，对科学往往持拒斥的立场。薛祥绥在《讲学救时议》一文中，甚而断言："功利倡而廉耻丧，科学尊而礼义亡。"①礼义既是一般意义上的规范，又常常被视为传统价值体系的象征，科学与礼义不并立，意味着科学与传统价值体系的不相容。对科学的这种抨击和否定，在当时新旧思潮的激荡中代表了一种颇具典型意义的趋向，它可以看作是走向近代过程中出现的历史回流。以此为背景来反观科学的泛化，便不

---

①　薛祥绥：《讲学救时议》，《国故》第 3 期，1919 年 5 月。

难看到,将科学提升为一种正面的价值体系,意味着从价值观的层面确认科学存在的合理性,后者无疑可以看作是对近代反科学历史回流的一种积极回应。

将科学提升为价值—信仰体系,其意义当然不限于对科学价值的维护;它在更内在的层面涉及思维方式的变革,这种思维方式常常又被称为科学精神。新潮社的重要人物毛子水曾对科学精神作了如下解说:

> 凡立一说,须有证据,证据完备,才可以下判断。对于一种事实,有一个精确的、公平的解析:不盲从他人的说话,不固守自己的意思,择善而从。这都是科学的精神。①

此处的基本之点,不外乎求是的态度和理性的观念。求是(如实把握对象)意味着将目光转向事实界,理性的观念则要求悬置独断的教条。这些思想在今天看来似乎近于常识,略无新意可言,但在后经学的时代,它却有独特的意义。随着以权威为准则的经学传统的终结,确立新的思维方式已逐渐成为时代的问题,科学精神的倡导,无疑在这方面表现了一种建设性的努力。当近代思想家试图以科学统一学术、知识领域时,已蕴含着以科学取代经学的意向;与之相联系的科学精神,则从更普遍的层面表征着从经学时代向理性时代的转换。

求是的态度与理性的精神所指向的,首先是真理;推崇科学精神的近代思想家对真理往往表现出热切地向往。任鸿隽在谈到科学精

---

① 毛子水:《国故学和科学的精神》,《新潮》第 1 卷,第 5 号,1919 年 5 月。

神时,曾作了简要的界说:"科学精神者何?求真理是已。"①胡明复则从方法论的角度,表述了类似的看法:"科学方法之唯一精神,曰求真。"②这里所谓求真,已不限于文献考证意义上的求其实,而是具有更为宽泛的内涵。从求真的主张出发,近代思想家进而要求超越单纯的实用意识:

> 科学之初,何尝以其实用而致力焉?在求真而已。③

从逻辑上看,尽管求知过程就其终极的意义而言总是与人的实践过程无法分离,但在一定的层面,它似乎又可以区分为两种向度,即为实用而求知与为真理而求知,在前一种情形中,知识、真理似乎只具有手段的价值;在后一场合中,真理则呈现出自身的内在价值。相对而言,中国传统文化对"用"似乎予以了较多的关注,从个人德性培养中追求"受用",到广义的经世致用,都可以看到这一点。这种趋向如果推向极端,往往容易忽视知识的内在价值,并使知识难以获得独立的品格。事实上,在儒家仁知统一的格局中,格物致知总是与正心诚意联系在一起,知识的追求亦往往与修(身)齐(家)治(国)平(天下)相纠缠,而未能在纯粹理性的形态下展开。近代的科学信仰者要求为真理而求真理,其深层的意义就在于:它以相当的历史自觉突出了知识的内在价值,并赋予知识以独立的品格。这是一种视域的转换,可以说,正是在为真而求真的倡导中,学术的独立才作为一个时代要求而突出起来。这当然不是个别思想家的偶然提法,陈独秀便曾撰

---

① 任鸿隽:《科学精神论》,《科学》第 2 卷,第 1 期,1916 年 1 月。
② 胡明复:《科学方法论一》,《科学》第 2 卷,第 7 期,1916 年 7 月。
③ 同上。

《学术独立》一文,对"学术独立之神圣"①作了明确肯定;胡适亦强调在学术研究中"当存一个为真理而求真理的态度"②,从中不难看到一种科学旗帜下的时代趋向。

与学术独立相联系的是人格的独立。学术独立既要求学术从精神受用、经世致用等考虑中解脱出来,又意味着不受制于独断的教条、不盲从外在的权威;后一意义上的独立,更多地与理性的独立思考等相联系。从现实形态看,理性的独立品格与个人的独立人格并非存在截然分隔的鸿沟。陈独秀便指出了二者之间的这种联系:"若有意识之人间,各有其意识,斯各有其独立自主之权。若以一人而附属一人,即丧其自由自尊之人格。"③此所谓有意识,并非泛然有知,而是指理性的独立意识;正如在知识活动中,理性的独立思考不应屈从独断的教条一样,在社会的交往过程中,主体不应成为他人的附庸。在这里,科学的观念与自由平等的意识似乎已融合为一,而科学精神则更具体地展示出其价值观意义。

然而,如前所述,作为涵盖各个文化层面的普遍之道(价值体系),科学在被一再提升和泛化后,本身往往又成为信仰的对象。胡适曾说:"我们也许不轻易信仰上帝的万能了,我们却信仰科学的方法是万能的。"④这种信仰当然并非宗教式的盲从,但它确实又有别于认知意义上的相信。对科学的如上崇信,本质上表现为一种寻找新的文化范式的尝试:20世纪初,特别是五四前后,在传统的价值体系

---

① 陈独秀:《学术独立》,《新青年》第5卷,第1号,1918年7月。

② 胡适:《论国故学》,《胡适文存》卷二,合肥:黄山书社,1996年,第321页。

③ 陈独秀:《一九一六年》,《新青年》第1卷,第5号,1916年1月。

④ 胡适:《我们对于西洋近代文明的态度》,《胡适文存》三集卷一,上海:亚东图书馆,1930年,第14页。

分崩离析之后,科学便成为建立新世界观的一种选择。但科学在被强化为一种规范体系后,亦不可避免地形成了其负面的意义:科学向各个知识领域普遍扩展以建立自身的霸权、科学入主生活世界而将人生逻辑化和机械化、科学渗入社会政治领域以及与之相联系的"技治"倾向,等等,已从不同方面展示了这一点。

随着科学的信仰化,科学本身也逐渐取得了权威的形式。作为一切知识所追求的最终形态,科学同时也被理解为一种真理体系,它不仅提供了对宇宙人生普遍有效的解释,而且构成了评判、裁定一切学说、观念的准则。作为真理的化身,科学获得了"无上的尊严"[1],一切知识、学术观点只有合乎科学的准则,才有立足的可能,一旦被判为非科学,则将被逐出科学之域。这种经过形而上化的科学,不仅在重建学术的统一这一意义成为一种"新经学",而且在权威性上也获得了某种"新经学"的性质:它绝对正确而又凌驾于所有知识形态之上。权威化往往蕴含着独断化,在科学的"经学化"和独断化之后,我们确实可以看到一层独断论的阴影。思想的发展往往有自身的逻辑,近代思想家力倡科学精神,本来具有拒斥经学独断论的意义,而他们要求理性的独立思考,反对盲从权威,确实也表现出转换思维方式的努力。然而,在被提升为普遍的价值—信仰系统以后,科学本身却在某些方面与它所否定的对象渐渐趋近。

与科学的权威化相联系,科学的外在社会功能往往容易受到更多的注意。一般而言,科学的价值总是展现为内在与外在两个方面:所谓内在价值主要与追求真理的认知过程相联系,外在价值则更多地体现于广义的社会规范作用。如前所述,当近代思想家赋予科学

---

① 胡适:《科学与人生观·序》,《胡适文存》二集卷二,上海:亚东图书馆,1923年,第140页。

精神以为真而求真的内涵时,他们无疑肯定了科学的内在价值,从而不同于仅仅以知识为"用"的某些传统观念。然而,科学一旦被尊奉为裁断一切的最高准则和变革社会的普遍手段,其外在的规范功能便同时被突出起来。胡明复在肯定科学精神在求真的同时,又认为,科学"最适于教养国民之资格"①,后者所注重的,便是科学的外在教化作用。同样,在陈独秀那里,科学与民主相似,主要也是一种解决政治、道德等问题的手段:"我们现在认定只有这两位先生(科学与民主——引者),可以救治中国政治上、道德上、学术上、思想上一切的黑暗。"②此处所强调的,仍不外乎科学的社会规范功能。

对科学外在规范功能的注重,无疑有其历史的理由。在思想启蒙和社会变革成为时代的中心问题这一历史背景下,科学在启发民智、转换观念、确立价值导向等方面的社会作用往往容易更直接地突现出来。然而,尽管在科学精神的提倡中也包含着对其内在价值的确认,但启蒙、社会变革等历史的需要,却常常使科学的内在价值为外在的社会功能所抑制。从当时的不少文章中,便不难看到这一点。《科学月刊》在其《周年独白》中曾这样写道:

> 今日中国之所需要,不是科学结果的介绍,是在科学精神的灌输,与科学态度的传播。科学的结果产品得之甚易。③

"科学的结果",主要与具体的研究过程相联系,它所展示的是科学的求真之维;科学的精神与态度则更多地表现为形而上之道。认为科学结

① 胡明复:《科学方法论一》,《科学》第2卷,第8期,1916年8月。
② 陈独秀:《本志罪案之答辩书》,《新青年》第6卷,第1号,1919年1月。
③ 《科学月刊》第2卷第1期,1930年1月。

果得之甚易，并将其列在时代需要之外，多少流露出对具体研究过程的轻视。这种观点，当然并非仅见于《科学月刊》。事实上，在更早的时候，便已出现了类似的趋向，并逐渐引起一些思想家的注意。中国科学社的重要成员杨铨在《科学与研究》一文中即颇为忧虑地表示："深惧夫提倡科学之流为清谈。"①这里所谓清谈，是相对于具体的研究而言，在杨铨看来，科学不能与具体的研究相分离："吾人果欲提倡科学乎？则当自提倡研究始。"②这种研究，主要便表现为一个以达到真理为目标的认知过程。从杨铨的以上忧虑中，我们可以依稀看到，形而上的科学信仰在当时似乎已渐渐趋向于压倒形而下的具体研究。在中国近代，一方面，科学在价值观的层面一再得到普遍的倡导，另一方面，具体的实证研究却总是显得相对薄弱，这种带有悖论性质的现象固然有其多方面的社会历史根源，但过多地强调科学的外在社会功能，从而使其在某种意义上"流为清谈"，显然也是一个不可忽视的因素。

## 五　历史的缘由

以上考察表明，20 世纪初，科学已确乎被泛化与提升为一种"主义"，并渐渐渗向知识学术、生活世界、社会政治各个领域。在追求知识、学术统一的努力中，科学趋向于在知识领域建立其霸权；以走向生活世界为形式，科学开始影响和支配人生观，并由此深入个体的存在领域；通过渗入社会政治过程，科学进而内化于各种形式的政治设计，而后者又蕴含着社会运行"技治"化的趋向。科学的这种普遍扩展，既涉及文化的各个层面，又指向生活世界与社会领域，其中包含

① 杨铨：《科学与研究》，《科学月刊》第 5 卷，第 7 期，1920 年 7 月。
② 同上。

着多方面的历史意蕴。

作为知识体系的科学,在五四时期何以会泛化为一种普遍价值—信仰体系?除了中国近代由技到道这一科学演化过程的制约之外,它还与20世纪初,特别是五四时期特定的历史背景相关。如所周知,"五四"是一个文化裂变的时代,传统的规范、观念、价值、信仰等等,至少在表层上受到了普遍的冲击。这种冲击和否定当然并非始于"五四"。但正是在这一时期,它达到了空前激烈的程度。面对旧的价值—信仰体系的崩溃,五四时期的知识分子在摆脱了传统内在束缚的同时,也产生了某种迷茫而无着落之感。他们迫切需要一种新的价值—信仰体系,以便重新获得依归与范导。而传统的观念体系,也只有在新的价值—信仰体系确立之后,才能真正超越。于是,重建价值—信仰体系便历史地提到了"五四"知识分子面前。就其本质而言,价值—信仰体系既应当具有可信的品格,也应具有世界观的功能,前者决定了它至少必须在外观上包含真的形式,后者则要求提供最大限度的涵盖面。在近代中国,只有科学才内在地包含着被赋予以上二重品格的可能:这不仅在于科学以真为追求目标,而且在于科学思想本身蕴含着较大的理论张力:从明清之际到近代,科学往往纠缠于形上形下之间,便表明了这一点;严复等维新志士在将进化论等提升为普遍的天演哲学(救亡图强的一般根据)时,更是进一步朝普遍泛化的方向迈出了一步。这样,当"五四"知识分子为重建新的价值—信仰体系而上下求索之时,严复辈的终点便成了他们的起点;科学经过再一次升华与泛化而成为一种新的范导体系。正是由于科学主要作为价值—信仰体系而被推至时代的前台,因而它一开始便超出了具体的实证与经验之域。

重建价值—信仰体系的过程,同时又与思想的启蒙相联系:以新的价值—信仰体系取代旧的价值—信仰体系,其内在含义即在于使主体从传统走向近代,而后者又构成了启蒙的历史主题。一般而论,启蒙作为一种思想的变革,主要表现为观念的转换:人的近代化之本来内涵首先是观念的转换;作为启蒙内容的观念转换,当然不仅仅是个别观念的更新,而是一种总体上(格式塔式)的转换——整个意识形态框架的变更。后者所需要的,显然不是某一领域的具体知识,它的实现,恰恰要求突破特定的经验领域。这样,当科学与启蒙的历史要求相遇时,它首先便面临着一个自身超越的问题,换言之,它必须由具体的知识形态,转换为更为普遍的观念形态。"五四"的知识分子在确立新的价值—信仰体系的过程中,实际上同时完成了以上的转换,而后者的直接结果,便是使科学进一步获得了普遍之道的性质。

当然,科学的形上化,并不仅仅取决于启蒙的历史要求,它有着更为深沉的历史缘由。五四时代的知识分子在不同程度上都有反传统的倾向,但传统的反叛者往往不能完全摆脱传统本身的制约。当"五四"的知识分子试图通过科学的泛化以建构某种超越传统的价值—信仰体系时,这种转换方式本身却并没有完全离开传统。

回溯中国传统文化的演化过程,我们可以注意到一种引人瞩目的传统,即强调道高于技。早在先秦庄子便已借庖丁之口突出了这一点:"臣之所好者道也,进乎技矣。"[①]在正统儒家中,这种倾向表现得更为明显。按儒家之见,技不过是与"本"相对的"末",只能归入形而下之列,唯有天道及人道才是作为"本"的形而上者,他们所追求的,是一种"弥纶天地之道"[②]的境界,与此相异的科学研究,则往往被斥之为"玩物丧志。在这样一种文化背景之下,中国古代的科学很自然地产生了如下趋向,即力图超越实证的领域而向天地之道靠拢,与

---

① 《庄子·养生主》。
② 《易传》。

之相联系的是科学的结论往往被提升到超验的层面。五四时代知识分子对科学的看法,当然既不同于鄙视科学的正统儒家,也有别于停留在笼统直观水平的古代科学,但这并不意味着他们已完全超越了传统文化的深层结构:在科学被转换为普遍的价值—信仰体系的背后,我们不难看到一种追求普遍之道的传统意向。不妨说,启蒙的历史要求主要为科学的泛化提供了外在的推动力,而技进于道的传统则内在地影响着"五四"知识分子对科学本性的理解,正是在二者的结合中,科学完成了其形而上化的过程。

如果由此作更深入的透视,则可以进一步看到,传统文化不仅渗入了科学的泛化过程,而且从负面制约着这种泛化的结果。如前文所指出的,"五四"知识分子在将科学提升为一种支配人生观的普遍之道时,往往表现出将主体理智化的倾向,后者在道德领域中即具体化为过分强调自觉的原则。这种偏向既是科学内涵的片面展开,又带上了某种传统的印记。中国的传统文化以儒家为主流,而儒家自先秦以来,即表现出强调精神的本质在于理性(理智与思维)的倾向,从而形成了理性主义的路向,后者在正统理学那里得到了进一步的发展。他们将以伦理为中心的实践理性绝对化,把情感与意志视为附属的因素,并在要求自觉服从理性原则的同时,多少忽视了行为的自愿原则,从而在某些方面导向了理性专制主义。尽管五四时期的知识分子曾经对正统儒家的理性专制主义作了种种抨击,然而,理性至上作为一种根深蒂固的传统,并未完全在人们的意识深处消失,而当科学被理解为一种理智的操作时,它与理性主义的传统便有了某种相通之处,从而使之比较容易在科学的形式下复活。

作为中国传统思想主流的儒学,自汉以后即被独尊为经学。经学一开始便具有意识形态的性质:它既是绝对真理,又是最高权威,其内容只能无条件地信仰,而不容许加以批判的审察。这种体系后来往往衍化为自我封闭的教条,其思维方式,内在地带有独断的性质;清代的朴学曾经对五经进行了比较系统的整理,然而,这种整理基本上仍限于对经文的考释,或对传注的辨析,对经义则不容有丝毫的怀疑,"治经断不敢驳经"①。这里体现的,依然是定于一尊的经学原则。五四时期,作为意识形态的经学当然已经失去了往日的权威,但渗入经学之中的独断论,却并未随着经学的终结而终结,作为一种文化的深层观念,它仍然潜在地影响着人们的思维方式。事实上,在"五四"知识分子力图定科学于一尊并使之权威化的意向中,确实可以看到某种经学独断论的影子。

正统儒学的理性主义(包括后来的理性专制主义)及经学独断论在理论上往往与忽视意志的自主性联系在一起。肯定理性对意志的规范,这本身并非一无可取,但一旦将这一点加以绝对化,则容易导致消解意志的自由选择。在先秦儒家那里,理性的自觉已开始置于意志的自由之上,这种倾向后来与经学权威主义相结合,逐渐趋向于抑制意志的自主选择。这一点,在正统理学(程朱理学)那里表现得尤为明显。他们将普遍规范形而上化为天理,强调主体应绝对听命于天理,而不能有所违逆,这种律令实质上把天理变成了外在的必然强制,从而带有某种宿命论色彩。正是以天命和天理的主宰为特征的宿命论,构成了中国古代又一个十分强有力的传统;这种宿命论在近代虽然一再受到冲击,而且它本身也由于唯意志论的崛起而有所削弱,但作为一种源远流长观念,它并未由此而绝迹,天理的外在形式固然已被抛弃,但片面的决定论却依然潜存于文化的深层。不妨说,五四时期的知识分子对科学因果律的理解,在某种意义上便渗入了传统的命定论观念。

---

① 〔清〕王鸣盛:《十七史商榷·序》,北京:商务印书馆,1959 年,第 1 页。

# 第五章

## 科学与人生观

如前所述,科学主义在取得了较为成熟的理论形态以后,开始进一步展开于社会文化的各个领域;在 20 世纪 20 年代初的科玄论战中,便不难看到这一点。这场论战的二方分别是所谓科学派与玄学派。玄学派以张君劢为主将,科学派的领衔人物则是丁文江。论战首先发端于人生观,由此又进而涉及社会文化的其他领域。在科学与玄学的这次公开交锋中,科学派无疑占了上风:相对于玄学派的稀疏阵势,科学派一开始便应者云集、声势逼人。这种几乎一边倒的论战格局,从一个方面表明科学主义在中国近代已浸浸然成为一种引人注目的时代思潮。

# 一  人生的科学规定

科玄之战的文化历史根源是多方面的,而其直接导因则是张君劢关于人生观的论述。在题为"人生观"的讲演中,张君劢对科学与人生观作了严格的区分,认为科学是客观的,人生观则是主观的;科学为论理学(逻辑学)所支配,人生观则源于直觉;科学是分析性的,人生观则是综合性的;科学为因果律所支配,人生观则以意志自由为前提;科学基于现象之同,人生观则基于人格之异。在以上区分的背后,是如下信念,即科学有其自身的度限,不应当越界侵入人生观。

与玄学派严于科学和人生观之分并强调科学的界限不同,科学派的注重之点首先在科学的普遍有效性。按科学派的看法,科学的作用范围并无限制,从物理对象到人的意识,无不处于科学的制约下,人生观也同样未能例外。较之玄学派之侧重于科学与哲学的划界,科学派的以上论点似乎更多地指向科学与哲学的统一。

科学派对科学与哲学关系的理解,首先以科学对象的实证论规定为前提。在宽泛的意义上,科学往往以物为对象。什么是物?丁文江作了如下界说:"我们之所谓物质,大多数是许多记存的觉官感触,加了一点直接觉官感触。"①科学派的另一重要成员唐钺亦认为:"所谓物质,不过是'常久的感觉的可能'(A permanent possibility of sensation)。"②这种界定,大致上承了从贝克莱到穆勒、马赫的思路。既然科学本身所处理的只是一种心理现象,那么,作为哲学信念的人

---

① 丁文江:《玄学与科学——评张君劢的〈人生观〉》,《努力周报》第 49 期,1923 年 4 月 22 日。

② 唐钺:《心理现象与因果率》,载《科学与人生观》,上海:亚东图书馆,1923 年。

生观,也并未离开科学之域:在以精神现象为对象这一点上,二者彼此相通。正是基于科学对象的实证论解释,丁文江将人类的精神—心理领域都纳入了科学之域:"我们所晓得的物质,本不过是心理上的觉官感触,由知觉而成概念,由概念而生推论。科学所研究的不外乎这种概念同推论,有甚么精神科学、物质科学的分别? 又如何可以说纯粹心理上的现象不受科学方法的支配?"①

通过化物质现象为心理现象以沟通科学与哲学,主要从对象上联结二者。在科学派那里,科学与哲学的统一,还表现在科学方法的普遍性上。科学的万能,是科学派的基本信念,而科学的万能,具体即体现于其方法。丁文江曾对此作了如下概述:"所以科学的万能,科学的普遍,科学的贯通,不在他的材料,在他的方法。"②作为涵盖万有的原则,科学方法既可运用于物理对象,亦同样适用于心理现象及哲学层面的人生观。梁启超在论战中曾提出,人生观中的情感方面,具有超科学的性质,③这种观点立即遭到了科学派的责难。唐钺便认为,诸如"爱"、"美"这一类的情感,都可以作理性地分析,它们与火这类的对象并无根本的不同:"其实爱与火差不多……他受理智的支配的程度越大,他的结果越好。"由此得出的逻辑结论便是,情感问题应当以科学方法加以解决:"关于情感的事项,要就我们的知识所及,尽量用科学方法来解决。"④类似的看法亦见于科学派的元老吴稚晖:"科学者,让美学使人间有情,让哲学使情能合理,彼即由合理得到真正合理之一部分。美学随宇宙而做工不完,哲学随宇宙而做工不完,

---

① 丁文江:《玄学与科学——评张君劢的〈人生观〉》,《努力周报》第 49 期,1923 年 4 月 22 日。

② 同上。

③ 梁启超:《人生观与科学》,《学灯》,1923 年 6 月。

④ 唐钺:《一个痴人的说梦》,《努力周报》第 57 期,1923 年 6 月 17 日。

科学区域,亦随宇宙而日扩日大,永永不完。物质文明之真正合理者,固是他管辖。精神文明之真正合理者,亦是他管辖。"①广而言之,从物质文明到精神文明,尽入科学方法之域,科学与哲学在科学方法的基础上趋向于统一。

科学派的以上看法明显地渗入了某种实证论的观念。就哲学与科学的关系而言,实证主义似乎表现出二重倾向。一方面,实证论力图在科学与哲学——主要是传统形而上学——之间加以划界,孔德区分神学、形而上学与科学,已蕴含把传统哲学从科学中清洗出去之意;而后,在拒斥形而上学的旗帜下,科学与玄学(形而上学)之分进一步成为实证主义的基本原则。但另一方面,实证论又以不同的方式追求哲学的科学化以及科学的统一。孔德将其实证哲学视为科学的综合,这种综合既表现为以实证方法联结各门具体科学,又以科学向哲学的扩展为内容;从马赫到逻辑经验主义,都在不同程度上沿袭了这一思路。科学派在这方面无疑受到了实证论的洗礼。当然,科学派对哲学与科学的关系的理解,乃是以科玄论战为其背景,这使它在侧重之点上与西方的实证主义又并非完全重合。如上所述,在科学与哲学的关系上,玄学派与传统的形而上学的思路似乎有所不同,其主要思维方向并不在于以哲学涵盖具体科学,而是强调二者之间各自的特殊性。正是通过科学与哲学的划界,玄学派试图为形而上学(包括人生观)找到合法的立足之地。玄学派的这种立场,使反玄学的科学派更多地突出了科学与哲学的统一性,并进而以科学的普遍制约性,将玄学从其最后的领地中逐出。

由科学与哲学的划界,走向二者的统一,无疑注意到了科学与哲

---

① 吴稚晖:《一个新信仰的宇宙观及人生观(续4卷3号)》,《太平洋》第4卷5号,1924年3月。

学之间的联系。然而,科学派对科学与哲学统一性的肯定,其前提是科学的泛化与实证论化,如后文(第七章)将要详论的,这种出发点,使科学派常常从确认科学与哲学的联系,引向哲学的科学化;在对人生观加以阐释时,这一趋向已开始表现出来。科学派所追求的人生观,是所谓"科学的人生观",后者又以科学的态度为其核心:"依科学的态度而整理思想,构造意见,以至于身体力行,可以叫做科学的人生观。"①这里的科学态度,与研究物理现象、化学元素等所运用的方式与立场并无不同,它所处理的,仅仅是事实与对象。在人生观的这种科学化形式下,善、恶等价值的评价问题,亦往往被还原为科学的认知问题:"如果要辨别善恶,来做行为的标准,必定要发达科学。"②正是基于这种信念,科学派在科玄论战中一再断言:"科学可以解决人生观的全部。"③从逻辑上看,人生过程总是以人生主体为其现实的承担者。以人生观的科学化为前提,科学派对作为主体的"我"亦作了相应的规定。"我"是什么? 科学派作了如下界说:

> "我"是由于过去经验分子集合起来,这些分子无论如何集合,总要成一个"我"。在此意义之中,我们也可以说经验是原质,"我"是一种形式之存在。不过这个形式的"我",和其他形式的东西却是不同。其他形式的东西(例如类之观念,关系之观念,参见联续和无限篇),永久存在,不依构成此形式的原质之增减而变迁。此处所谓形式的"我",乃是随经验分子之增加而变迁的。经验变迁不息,"我"亦变迁不息。如果经验大致相同,则

---

① 王星拱:《科学与人生观》,《晨报副刊》第 177 号,1923 年 7 月 9 日。
② 王星拱:《科学的起源和效果》,《新青年》第 7 卷,第 1 号,1919 年 12 月。
③ 唐钺:《读了〈评所谓科学与玄学之争〉以后》,载《科学与人生观》,上海:亚东图书馆,1923 年。

其所构成的"我",也是大致相同。经验是器官的感触,"我"就是这些感触之集合,并不是另外有一个形而上的"我",可以脱离经验而存在。①

休谟在论述其经验论原则时,曾把自我理解为相继或并存的知觉,并由此拒斥了所谓超验的"我",马赫、杜威等从不同的角度对此作了发挥,王星拱在其论著中便曾不止一次地引用马赫与杜威的话:"这个自己是什么呢? 就是无限的个人经验和种类经验(即遗传性)之麇集,所以杜威说,'自己是由过去的经验集合起来的';马赫说,'灵魂即自己也可以破成碎块的'。"②科学派对"我"的界定,大致上承了休谟以来的经验论传统。前文曾论及,在说明科学的统一性时,科学派已将作为对象的物视为感觉的集合,"我"作为感觉的复合,与一般的物似乎并无本质的区别,事实上,科学派确乎常常将"我"与物等量齐观,强调"我是物的分子"。③

由"我"与物的等同,自然引发了如下问题,即人生主体的绵延同一与自我认同(identity)如何落实? 作为感觉经验的集合,"我"显然不仅缺乏内在的统一性,而且相应地难以获得时间中展开的绵延同一:感觉经验所把握的总是某一方面的规定,这些规定无论怎样相加组合,也不等于主体本身;而且,感觉往往相继而起或稍纵即逝,从而无法为对象的绵延同一提供逻辑的担保。另一方面,在物的层面上,"我"的反省意识与主体性的自我确认亦失去了内在的承担者:作为物,"我"既无主体性规定,亦不存在自我认同的问题。不难看出,科

---

① 王星拱:《科学与伦理》,《科学概论》,上海:商务印书馆,1930 年,第 276—277 页。

② 王星拱:《环境改造之哲学观》,《哲学》,1921 年第 2 期。

③ 王星拱:《科学方法论引说》,北京:北京大学出版部,1920 年。

学派对"我"的如上规定，蕴含着对人生主体的某种消解，它在理论上可以视为对玄学派的回应。在人生观之域，玄学派的基本立场是"我"的确认，张君劢一开始即表明了此点："人生观之中心点，是曰我。与我对待者，则非我也。"①玄学派对"我"的设定，无疑仍带有形而上的思辨性质，科学派否定"另外有一个形而上的我"（王星拱），就此而言并非毫无所见。但由拒斥形而上的我，科学派又悬置了人生主体的自我认同，这似乎又走向了相互对待的另一极。

对"我"的如上消解，决定了科学派在人生观上难以避免内在的张力。作为近代价值取向的认同者，科学派无疑倾心于人的自由、个性解放等近代价值原则，他们要求冲破传统的束缚，主张个性的自由伸张，都表明了这一点。也正是基于这种个体的原则，科学派对个人的作用予以高度的重视，即使在《非个人主义的新生活》这种似乎批评个人主义的文章中，科学派的重要人物胡适依然认为："人人都是一个无冠的帝王，人人都可以做一些改良社会的事。"②对个体原则的如上肯定，与方法论上强调对整体的分析，在逻辑上具有一致之处，它从一个方面表现了实证论与近代价值原则在科学主义中的融合。然而，由拒斥形而上的"我"而把"我"等同于感觉的集合，又使主体的自我认同趋于抽象和虚幻化，后者与个体的原则显然存在着理论上的紧张：自我的消解，意味个体原则的架空。总之，与历史启蒙相联系的近代价值体系，内在地指向主体的自我认同；科学主义的立场，则趋向于将自我还原为物（对象）。对现代性及启蒙主义的维护，使科学派难以放弃确认个体原则的近代价值体系；科学主义的取向，又使"我"的消解及对象化成为必然的归宿。科学派似乎始终未能超越

①　张君劢：《人生观》，载《科学与人生观》，上海：亚东图书馆，1923年。
②　胡适：《非个人主义的新生活》，《新潮》第2卷，第3号，1920年4月。

以上的二难之境。

从"我"的物化及对象化这一维度看，自我更多地表现为一种被决定的存在。对科学派来说，这种被决定性似乎是人的一种先天命运，在王星拱对个体发生与形成过程的解释中，即不难看到这一点："我们先天的我，不是有独立的存在的，是由父母、祖父母、外祖父母……遗传下来的。试问父母、祖父母、外祖父母，……是应该属于外界的物呢，还是应该属于内界的我呢？我想，我们都要用'是'来答复第一问，用'不是'来答复第二问。"[1]人来到世间，并非出于自身的选择，它一开始便受制于漫长的遗传序列，这种遗传序列在科学派看来完全是外在的。作为遗传序列的产物，"我"自始便为外部力量所决定。这样，在人生之初，个体便已别无选择地处于外在必然性的支配之下。

先天的遗传序列更多地表现为一种自然的力量，人既生之后，又总是面临着环境的影响，这种影响在科学派看来同样具有决定的作用："然生活与环境有关，有良好的环境，然后才能满足良好的生活，……大多数的人，必受恶环境的熏染。"[2]相对于自然的遗传，环境的影响更多地关乎人的道德；按科学派之见，个体的道德状况，最终取决于外部的环境："环境若不好，则社会上大多数人的道德，没有改善的机会。"[3]尽管科学派由此强调了环境改造的必要性，但这主要就社会而言，对个体来说，在与环境的关系中，他首先呈现为被决定者。

科学派对人生主体被决定性的如上强调，无疑可以看作是消解主体(将人生主体物化与对象化)的逻辑结果。不过，从科学派的哲

---

[1] 王星拱：《物和我》，《新潮》第 3 卷，第 1 号，1921 年 10 月。

[2] 王星拱：《环境改造之根据》，《学灯》，1922 年 6 月 27 日。

[3] 同上。

学系统看,这种思维趋向在更深的层面上又与科学派对因果律的看法相联系。如前所述,区分科学与人生观是玄学派的基本论点,这种区分的主要依据之一,便是科学受因果律的支配,而人生观则是自由意志之域。这种看法受到了科学派的一再非难。在科学派看来,因果律乃是宇宙间的根本法则,它不仅制约着物理世界,而且也主宰着心理世界及人生领域。胡适便断言:"因果大法支配着他——人——的一切生活。"①王星拱亦明确指出:

> 科学是凭藉因果和齐一两个原理而构造起来的;人生问题无论为生命之观念,或生活之态度,都不能逃出这两个原理的金钢圈,所以科学可解决人生问题。②

在此,因果律的普遍制约,即构成了科学与人生观所以统一的根据。

唐钺进一步从心理学的角度,强调了因果律对人生观的作用。在唐钺看来,"一切心理现象都是受因果律所支配的"③。即使将心理现象纳入统计规律之中,它同样也未能逃脱因果律:"纵使心理因果关系是平均的,他和物质因果关系也不过程度之差,所以我们可以假定心理现象,若经过同物理一样长的研究时间,或更长的时间,他的公例也可以同物质公例一样精确。无论如何,这种程度的差异,不能把心理现象摒于因果律之外。"④从理论上看,统计规律是或然的,因果律则具有必然的性质,唐钺将心理现象与统计规律联系起来,似乎从过强的决定论上退了一步。然而,这种"后退"乃是以融和统计律

---

① 胡适:《科学与人生观·序》,《胡适文存》二集卷二,第 152 页。
② 王星拱:《科学与人生观》,《晨报副刊》第 177 号,1923 年 7 月 9 日。
③ 唐钺:《心理现象与因果率》,《科学与人生观》,上海:亚东图书馆,1923 年。
④ 唐钺:《机械与人生》,《太平洋》第 4 卷,第 8 号,1924 年 9 月。

与因果律为其前提的,就此而言,它实质上又通过将或然提升为必然而强化了因果律的普遍制约性。

在因果法则的主宰下,人与物的界限再一次变得模糊了。作为因果作用的对象,人所呈现的,更多的是物理学等意义上的属性,科学派的元老吴稚晖以明快的语言表达了这一点:"譬之于人,其质构而为如是之神经系,即其力生如是之反应。所谓情感、思想、意志等等,就种种反应而强为之名,美其名曰心理,神其事曰灵魂,质直言之曰感觉,其实统不过质力之相应。"①简言之,精神现象仅仅是质、力等物理现象的转换形态。如果说,把"我"规定为感觉的集合,主要在实证论的层面上沟通"我"与物,那么,将心理现象还原为质、力等物理属性,则表现为行为主义与机械论的某种交融。

作为行为主义与力学(物理学)意义上的存在,人与机器似乎已很少有实质的区别。事实上,科学派确乎常常将人与机械等量齐观,前文提及的唐钺的观点已表明了这一点,类似的看法亦见于丁文江:

> 我的思想的工具是同常人一类的机器。机器的效能虽然不一样,性质却是相同。②

从"我"的消解到人是机器,人生的领域已逐渐为机械的世界所取代。

科学派以因果律为支配人生过程的根本法则,并由此将人生机械化,使人很自然的联想到了康德。康德对现象界与物自体作了严

①　吴稚晖:《一个新信仰的宇宙观及人生观》,《太平洋》第 4 卷,第 1 号,1923 年 5 月。

②　丁文江:《玄学与科学——评张君劢的〈人生观〉》,《努力周报》第 49 期,1923 年 4 月 22 日。

格的区分,在现象之域,因果律固然是基本的原理,但其作用的范围亦仅限于现象界;一旦进入实践理性的领域,则因果律的支配便开始为意志的自律所取代。尽管康德对现象与本体的划界存在诸多问题,但把人的存在与作为科学对象的物区分开来,无疑又注意到了不能以因果律排斥人的自由。相形之下,科学派将因果律视为支配物理世界与人生过程的普遍法则,似乎打通了康德所区分的现象界与实践理性领域,它在追求科学与哲学、本体与现象统一的同时,亦使因果律取得了强化的形态。

这种被强化的因果律,在科学派那里往往呈现为线性决定的形式。从现实的形态看,人生之域本质上具有实践性,人的行为过程也总是受到多重因素的制约,而很难仅仅以线性的因果关系来解释。人并不是被决定的物,除了外部的条件之外,人的行为同时受到理性的审察、意志的选择、情感的认同等内在因素的影响,后者决非单纯的线性因果律所能范围。如果将人的行为完全纳入单一的因果系列,那么,它便无法避免命定的归宿。事实上,在科学派那里,行为的宿命性质确乎压倒了人的自由。

人生观内在地蕴含着对理想之境的追求,人的物化与因果律的泛化,也制约着科学派对理想人生的理解。在科学派看来,科学人生观的核心,即求真:"我和物是分不开的,我是物的一分子,物是我的环境,所以科学的人生观,就是要求真实于生活之中。"①以求真为人生的目的,往往使人生过程中善的向度难以落实。统观科学派的人生观,我们确实可以看到以真涵盖善的倾向。从求真的要求出发,他们常常进而强调"真实的就是善的"②。这里所谓真,主要是指向科

---

① 王星拱:《科学的起源与效果》,《新青年》第 7 卷,第 1 号,1919 年 12 月。
② 同上。

学认知意义上的真。在科学的人生观即在于求真的前提下,人生的意义便或多或少被限定于科学的认识,丁文江的如下论述颇为典型地表达了这种观念:"了然于宇宙、生物、心理种种的关系,才能够真知道生活的乐趣。这种活泼泼的心境,只有拿望远镜仰察过天空的虚漠,用显微镜俯视过生物的幽微的人,方能参领得透彻。"①

不难看到,科学派对人生意义的以上理解,从一个方面涉及了真与善、事实与价值、知识与智慧等关系。人生作为展开与生活实践的过程,固然离不开事实的认知与真的追求,但它同时又关联着善的向往和价值的关怀(包括审美的关照)。按其本质,求真、向善、趋美等是一个统一的过程,其最终的指向是智慧之境。智慧不同于知识,知识把握的是经验领域的对象,智慧所达到的则是性与天道(存在的终极原理)。人生之"在"(existence)与世界之"在"(being)本质上无法分离,单纯的科学认知,显然难以把握作为整体的存在。科学派在实证主义的视域下,将人生之域纳入科学认知一隅,以事实的察辨取代了价值的关怀,并把向善消解于求真之中,无疑使人生过程变得片面化了。

人生过程的这种片面化从更内在的层面上看又与人生主体的片面化相联系。在把"我"视为感觉的集合的同时,科学派又往往赋予主体以理性的品格。"我"作为感觉的集合,更多地区别于形而上的超越存在,就因果律的现实作用而言,"我"又表现为理性的存在:对科学派来说,因果律的外在支配,与主体对因果律的自觉遵循乃是同一过程的两个方面,而后者本质上表现为一种理性化的行为。强调理性的自觉与赋予行为以命定的性质,在理论上常常相互趋近。相

---

① 丁文江:《玄学与科学——评张君劢的〈人生观〉》,《努力周报》第 49 期,1923 年 4 月 22 日。

对于理性品格的强化,主体之中情、意等非理性的方面,往往处于科学派的视野之外。科学派未能解决因果律与人的行为之间的关系,同样亦未能对理性与非理性的关系作出合理的定位。

## 二　科学与人道原则

人生观作为对人生之域的一般看法,内含着普遍的价值取向。事实上,当科学派将人对象化(物化)和人生机械化时,已从一个方面表现了科学至上的价值原则。后者的进一步强化,便很难避免对人本主义或人道主义价值原则的偏离甚至冲击。在科学派那里,我们确实常常可以看到科学的人生观与人本主义之间的紧张。

人在受制因果法则上与物无实质的不同,这是科学派的基本理论预设之一。与人的对象化与物化相联系,科学派往往将人与动物相提并论。胡适在论战期间曾提出了一个所谓新人生观,其中重要的一项即为:"根据于生物学、生理学、心理学的知识,叫人知道人不过是动物的一种,他和别种动物只有程度的差异,并无种类的区别。"[①]类似的看法亦见于吴稚晖等,在回答"何为人"时,吴稚晖曾作了如下界说:"人便是外面只剩两只脚,却得了两只手,内面有三斤二两脑髓,五千零四十八根脑筋,比较占有多额神经质的动物。"[②]人与动物之辩,属广义的天人关系之域。从早期到近代,天人之分是人本主义价值体系的基本出发点,人与其他存在(包括自然序列中的动物)的这种区分,构成了确认人自身价值的某种本体论前提。科学派

---

① 胡适:《科学与人生观·序》,《胡适文存》二集卷二,第151页。

② 吴稚晖:《一个新信仰的宇宙观及人生观(续4卷1号)》,《太平洋》第4卷,第3号,1923年10月。

以动物界定人,从自然观的角度看当然有其理由,但就人生观而言,则似乎又使人之为人的存在价值失却了本体论的根据。

人作为动物的一员,其生活历程便不必看得过于认真,吴稚晖对人生所作的正是这样一种理解:"所谓人生,便是用手用脑的一种动物,轮到宇宙大剧场的第亿垓八京六兆五万七千幕,正在那里出台演唱。"[①]这一人生界定,被胡适称为对"人生切要问题的解答"。依照这种人生模式,则人生似乎便成了动物式的游戏:宇宙即大舞台,人的演唱如同动物的出场。科学派的本意也许并非如此简单粗陋,但由其前提加以引申,却很难避免如上结论。从人是动物,到人生即动物式的活动,人生的人文意义和神圣向度无疑被进一步弱化了。

由以上前提出发,科学派对人生过程的具体内容亦作了相应的规定,这便是吴稚晖著名的三句话,即:"吃饭,生小孩,招呼朋友。"吴稚晖自认为,他的新信仰的宇宙观及人生观,已为这三句话所道尽。吃饭生子,是人的日用常行,依照这种新人生观,人生的全部内容,便不外乎日常世界中的庸言庸行。不难看出,对人生的如此理解,明显地蕴含着某种世俗化的倾向。历史地看,从前现代走向现代,在人生取向上往往伴随着一个平民化的过程,相对于贵族化的人生目标、圣贤化的人格模式,平民化的取向无疑更多地切近于人的现实存在。然而,平民化如果完全等同于世俗化,那么,人生往往会趋向于对既成现状的认同,从而淡化其理想的、超越于现实的这一面。合理的人生固然不能脱离现实,但以现实为根据并不意味着仅仅片面地接受或认同现实,人生作为一个过程,常常处于实然与应然的张力之中,应然作为理想,总是具有超越于现实的维度。科学派将人生理解为

---

① 吴稚晖:《一个新信仰的宇宙观及人生观(续 4 卷 1 号)》,《太平洋》第 4 卷,第 3 号,1923 年 10 月。

一个世俗化的过程,似乎过于强化了对现实的认同,而未能注意到人生的理想性、超越性这一面。

作为世俗化的存在,人并无崇高性可言,相反,从宇宙在时空上的无限性看,人倒是显得十分渺小:"在那个自然主义的宇宙里,在那无穷之大的空间里,在那无穷之长的时间里,这个平均高五尺六寸,上寿不过百年的两手动物——人——真是一个藐乎其小的微生物了。"①人是宇宙的中心,这是传统人文主义及人道主义的基本信念和预设,然而,在科学派的宇宙论中,这种信念却失去了根据。从科学的视野看,自然的现象与人及其社会活动之间也没有高下之别:"一根地上的小草,一只显微镜底下的小生物,一个几万万里的星球,一件人类忽略不经意的平淡自然变化,到科学家眼里,和惊天动地荡精摇魄的人间事实招到同等的注意了。"②这种观点,实际上从天人关系的角度,进一步否定了人在自然中的优先性。从历史上看,人文主义总是在不同意义上追求自然的人化,传统儒学要求化天性为德性,近代人文主义要求征服自然以为人所用,都表现了实现自然人化的意向。这种意向背后所蕴含的,是以人道为价值评判的中心。科学派将自然与人等量齐观,多少偏离了这种人文的原则。

如前所述,作为近代价值体系的信奉者,科学派对个人自由、个性原则等始终持肯定的态度,胡适认为理学"存天理,灭人欲"的主张"最反乎人情,不合人道"③,便表明了这一点;但另一方面,将人生自然化和世俗化、从天人关系上强调人的渺小性并否定其崇高性,则又

① 胡适:《科学与人生观·序》,《胡适文存》二集卷二,第152页。

② 钱穆:《旁观者言》,载《科学与人生观》,济南:山东人民出版社,1997年,第292页。

③ 胡适:《老残游记·序》,《胡适文存》三集卷六,上海:亚东图书馆,1930年,第406页。

表现为对人道原则的某种冲击。这种二重性，使科学派的人生观，呈现出一种内在的紧张。类似的紧张，亦往往见于西方近代的科学主义：就其确信人类理性能够支配自然，并力图实现人对自然的主宰性而言，它与人文主义似乎有趋同的一面；但就其将人工具化、对象化，并最终导向技术的专制而言，它所走的，无疑又是一条与人文主义相对的路。这样，对人道原则的认同与对人道原则的消解，似乎构成了科学主义难以解决的二律背反，科学派同样亦未能超越这种悖论。

科学派对人类中心观念的扬弃，无疑从一个方面表现了对人文主义的否定，后者似乎或多或少逸出了以人的自觉和人性高扬等为内容之一的启蒙思潮。不过，从理论上看，这种否定并非仅仅具有负面的意义。人类中心涉及的是天人关系，就天人关系而言，人文主义要求以人为价值评价的出发点，无疑体现了人是目的的人道原则，但片面地以人类中心为视域，往往亦蕴含着天与人的对峙：相对于人，天（自然）仅仅呈现为作用与征服的对象，这种价值取向如果过于强化，便很难重建天与人之间的统一。由这一意义而论，科学派从人是中心转向等观天人，显然亦潜含扬弃天与人分离的历史意蕴。当然，如前所述，科学派之等观天人，在相当程度上以科学的统一为其前提；这种科学主义的立场决定了科学派无法真正达到天与人的统一。


## 三　现代性的维护


科学与玄学的论战虽然发端并首先展开于人生观，但它所涉及的问题却并不限于人生之域。正如论战的主题（科学与玄学或科学与人生观）所表明的那样，人生观的论争，始终伴随着对科学的不同看法，而在关于科学价值的不同评价之后，则蕴含着对现代性的不同态度与立场。

从 20 世纪中国历史的演进看,科玄论战并不是一种偶然的文化现象。论战发生于后"五四"时期,"五四"以来的文化论争,为论战提供了直接的思想背景,而走向现代的过程,则构成了其更广的历史前提。作为一个历史过程,现代化的走向似乎包含着一种内在的悖论。一方面,从前现代到现代的转换,意味着人类在科学、经济、社会各个领域都跃进到了一个新的阶段,其中无疑蕴含着历史的进步;但另一方面,在近代西方的模式下,现代化又往往有其负面的效应,它在高奏征服自然凯歌的同时,也常常导致天与人之间的失衡;在突出工具理性权能的同时,亦使社会面临着技术的专制,并使人自身的内在价值受到了冲击;而与之相联系的功利原则、个体原则等等,则使主体间关系的紧张成为难以避免问题。就中国近代而言,现代化的进程固然带来了希望与新的发展方向,但这一进程同时又在某种意义上伴随着历史的苦难:西方列强正是裹夹着现代化过程中所形成的优势,将中国推入了血与火的近代。

　　现代化过程本身的悖论以及它对近代中国所蕴含的二重意义,在历史与逻辑上导致了近代中国的知识分子对现代化过程的不同态度。具有文化保守主义倾向的思想家,对现代化过程更多地表现出疑惧、批评的立场。被强制逼入现代化进程的历史事实,往往很容易激发对现代化的抗拒心态,后者与依归传统的情结相融合,便常常导致对现代化的认同障碍。同时,现代化过程所产生的种种蔽端(这种蔽端在 20 世纪初的西方已开始逐渐显露出来),亦自然地引发了对现代化的某种反感与疑惧。前者(传统情结下对现代化的认同障碍)带有前现代意识的特点,后者(由现代化的负面效应而产生的疑惧),则似乎近于后现代意识(带有超前或早熟形式的后现代意识)。这两种意识与观念往往交织在一起,呈现扑朔复杂的形态。早在五四时期,梁漱溟已对现代社会提出了批评:"现在一概都是大机械的,殆非人用机械而成了机械用人。""而况如此的经济,其戕贼人性——仁——是人所不能堪的。无论是工人或其余地位较好的人乃至资本家都被它生机斫丧殆尽;其生活之不自然、机械、枯窘乏味都是一样。"①在熊十力、梁启超,以及《学衡》派等具有文化保守主义倾向的思想家中,同样可以看到类似的批评。与批评机械的现代世界相应的,是对中世纪闲适生活的赞美:"中国人以其与自然融洽游乐的态度,有一点就享受一点,而西洋人风驰电掣地向前追求,以致精神沦丧苦闷,所得虽多,实在未曾从容享受。"②这里既表现了对现代化历史进程的难以认同,又流露出对前现代化的缅怀。

前现代观念与早熟的后现代意识相互交融,往往逻辑地引向对现代性的消解。从《学衡》派的核心人物吴宓对新文化的设计中,我们多少可以窥见这种趋向:

> 中国之文化,以孔教为中枢,以佛教为辅翼;西洋之文化,以希腊罗马之文章哲理与耶教融合孕育而成。今欲造成新文化,则当先通知旧有之文化。盖以文化乃源远流长,逐渐酝酿,孳乳煦育而成,非无因而遽至者,亦非摇旗呐喊,揠苗助长而可致者也。今既须通知旧有之文化矣,则当于以上所言四者:孔教、佛教、希腊罗马之文章哲学及耶教之真义,首当着重研究,方为正道。③

这里所讨论的,是新文化的建构问题,而其原则亦为中西文化的融

① 梁漱溟:《东西文化及其哲学》,《梁漱溟全集》第一卷,济南:山东人民出版社,1989 年,第 492 页。
② 同上书,第 478 页。
③ 吴宓:《论新文化运动》,《学衡》第 4 期,1922 年 4 月。

合。从形式上看,它与"五四"以来启蒙主义的论点似乎并无太多的分歧。然而,二者对中西文化内涵的理解却相去甚远。在吴宓那里,所谓中西文化首先限定于前现代之域:中国文化中的孔佛二教,西方的希腊罗马文化与耶教,都属于逝去的传统。这样,对《学衡》派的吴宓来说,新文化的建构,主要亦相应地展开为一个向传统回归的过程,而在面向传统的历史走向中,现代性无疑将失去其合理性。

现代性(modernity)与现代化(modernization)的内涵既相互联系,又有所区别。现代化侧重于广义的社会变革,包括以工业化为基础的科学技术、经济结构、社会组织、政治运作等一系列领域的深刻转换;现代性则更多地涉及文化观念或文化精神,包括思维方式、价值原则、人生取向等等,而这种文化精神和文化观念又常常与近代以来的启蒙主义和理性主义联系在一起。[①] 现代性既以观念的形态折射了现代化进程中的社会变革,又对现代化过程具有内在范导意义;相应地,对现代化的疑惧,往往表现为对现代性及与之相关联的启蒙主义的批评。在 20 世纪的后半叶,西方的文化保守主义和所谓后现代主义曾从不同的角度对现代性提出责难,这种批评固然展示了不同的立场,如后现代主义较多地表现出悬置理性主义传统的倾向,而麦金泰尔等则在批评启蒙运动以来的伦理观念的同时,又提出了回到传统(亚里士多德)的要求,但二者在质疑现代性这一点上又相互趋近。

中国近代文化保守主义的文化批评,往往内在地蕴含着对现代性的否定态度:在赞美传统并要求回归传统的背后,常常是对现代的

---

① 哈贝马斯在《现代性与后现代性》(*Modernity versus Postmodernity*)中对文化的现代性(cultural modernity)与社会的现代化(social modernization)作了区分,似已有见于二者的不同。参见 Jürgen Habermas, Ben-Habib Seyla, "Modernity versus Postmodernity", *New German Critique*, 22 (Winter, 1981)。

价值体系、思维模式、人生取向等的疏离和责难。吴宓的新文化建构原则,已明显地表现了这种趋向,它虽然有别于后现代主义的消解理性,但在认同传统等方面,却颇近于西方文化保守主义的某些主张。当然,前现代观念与后现代意识的交织,使中国近代的文化保守主义更多地将现代性的批评与科学观念的质疑联系起来,并往往把现代化过程中出现的问题归咎于科学。梁漱溟的如下议论在这方面具有相当的代表性:

> 机械实在是近古世界的恶魔;但他所以发明的,则为西方人持那种人生态度之故。从西方那种人生态度下定会发生这个东西:他一面要求物质幸福,想利用自然征服自然,一面从他那理智剖析的头脑又产生科学,两下里凑合起,于是机械就发明出来。①

征服自然以求物质幸福,体现的是现代的价值取向;理智剖析所产生的,则是科学的观念,在梁漱溟看来,作为现代性具体形式的价值体系,正是通过科学的观念而产生了机械世界。这样,现代性的批评,往往引向并被归结于科学及科学观念的批判。

由科学的批判而非难现代性,似乎成为"五四"前后的文化保守主义一种普遍的运思模式,梁启超的"科学破产论",则进一步将这种批判思潮推向了一个新的高潮。在著名的《欧游心影录》中,梁启超写道:"无奈当科学全盛时代,那主要的思潮,却偏在这方面,当时讴歌科学万能的人,满望科学成功,黄金世界便指日出现。如今功总算成了,一百年物质的进步,比从前三千年所得还加几倍,我们人类却

---

① 梁漱溟:《东西文化及其哲学》,《梁漱溟全集》第一卷,第489页。

不惟没有得着幸福，倒反带来许多灾难。好象沙漠中失路的旅人，远远望见个大黑影，拼命往前赶，以为可以靠他向导，那知赶上几程，影子却不见了，因此无限凄惶失望。影子是谁？就是这位'科学先生'。欧洲人做了一场科学万能的大梦，到如今却叫起科学破产来。"①尽管梁启超后来声明他并不菲薄科学，但科学的批判却是其基本的立场。从逻辑上看，走向现代既以科学为其基础，则科学期望的幻灭，便表明了现代化理想的失败；质言之，科学的批判意味着告别现代性。事实上，在文化保守主义那里，科学的批判与回归传统常常表现为同一问题的两面，从梁漱溟、《学衡》派到梁启超，都未能超越这一思路，熊十力更明白地点出了此意："今日人类，渐入自毁之途，此为科学文明一意向外追逐，不知自适天性，所必有之结果，吾意欲救人类，非昌明东方学术不可。"②

不难注意到，"五四"前后的文化论争，始终关联着对现代性的不同态度与立场，而对现代性的消解，则往往取得了科学批判的形式。现代性本身所内含的文化—价值层面的意蕴，决定了对现代性的不同态度，总是指向不同的价值体系，事实上，在文化保守主义那里，消解现代性往往逻辑地引向了对传统价值体系的认同。文化讨论形式下的现代性之争，在历史与逻辑双重意义上构成了科玄论战的前提。正如其主题(科学与玄学或科学与人生观)所表明的那样，论战一开始便涉及科学的限度与价值。张君劢强调科学与人生观之分，要求将科学从人生观之域剔除出去，在某种意义可以看作是对文化保守主义的一种呼应；而从人生观的角度对科学的质疑，则同时意味着拒

---

① 〔清〕梁启超：《欧游心影录·科学万能之梦》，《梁启超全集》第十卷，北京：北京出版社，1999 年，第 2974 页。

② 熊十力：《十力语要》卷二。

斥科学所象征的现代性(包括现代价值体系)。

从这一背景上看,科学派对玄学派的批评,便具有了另一重意义。与玄学派对科学的质难相对,科学派一开始便以科学辩护者的姿态出现。科学派的重要人物胡适在论战中明确表明了这一立场:"我们当这个时候,苦科学的教育不发达,正苦科学的提倡不够,正苦科学的势力还不能扫除那迷漫全国的乌烟瘴气,——不料还有名流学者出来高唱'欧洲科学破产'的喊声,出来把欧洲文化破产的罪名归到科学身上,出来菲薄科学,历数科学家人生观的罪状,不要科学在人生观上发生影响!信仰科学的人看了这种现状,能不发愁吗?能不大声疾呼出来替科学辩护吗?"①对胡适来说,为科学辩护,"这便是这一次'科学与人生观'的大论战所以发生的动机"。② 值得注意的是,胡适在此以信仰科学表示对科学的认同,这就使其对科学的辩护具有了某种文化—价值观的意蕴:信仰不同于具体的接受某种观念,而是展开为从思维模式到价值取向的整个文化立场。胡适从维护科学信仰的角度解释科学与人生观论战的根源,亦表现了对论战之内在主题的自觉。

对科学派来说,如何建构合理的文化—价值体系,是科玄论战内含的更根本的问题。丁文江在论战之后依然在对此加以反省:"中国今日社会崩溃,完全由于大家丧失了旧的信仰,而没有新的信仰来替代的原故。"③随着旧有的价值体系的失落,向传统的复归已无根据,出路何在?科玄论战中,科学派在肯定科学的普遍意义的同时,总是渗入了追求与建构新的文化—价值体系的意向,而这种新的文化—

① 胡适:《科学与人生观·序》,《胡适文存》二集卷二,第142页。
② 同上。
③ 丁文江:《中国政治的出路》,《独立评论》第11号,1932年7月。

价值体系的建构,又始终与现代性相联系:以科学为核心的价值体系,所体现的实质上同时是文化的现代性(cultural modernity)。

这样,我们便看到,在肯定科学具有"无上尊严"的背后,乃是对现代性的维护,正是在这里,呈现出科学派提升并泛化科学的更为深沉的意义。现代性,特别是现代西方文化—价值形态下的现代性,当然亦有其自身的问题,它所包含的技术理性过强等偏向,常常亦引发了负面的历史后果,然而,对正在由前现代走向后现代转换的近代中国而言,现代性无疑又体现了某种新的历史发展趋向。从后一方面看,较之近代文化保守主义(包括玄学派)由责难科学而消解现代性,科学派对现代性的维护,似乎又更多地展示了合乎历史演进方向的时代意识。

# 第六章

# 史学的科学之维

　　科学与玄学的论战,使科学在人生与文化领域展示了其普遍的涵盖意义。随着科学领地的日渐扩进,具体的学术与知识领域也往往经历了一个科学化的过程;从史学研究中,可以具体地看到这一趋向。

## 一　存疑原则与古史解构

　　1923 年,与张君劢以人生观的演讲拉开科玄论战的序幕几乎同时,顾颉刚发表了《与钱玄同先生论古史书》。在该文中,顾颉刚大略地提出了关于古史的看法,其要义是把古史理解为一个"层累地造成"的过程。尽管文中的某些观点此前已开始酝酿,但其明确的表述,则开始于此文。作为对历史的一种理解,"层累地造成的古史"观并不仅仅限于提供某种历史演化的论点,它的更深层的意义在于对传统的古史系统提出新的诠释,而这种诠释一开始便是在科学的旗帜下展开的。顾颉刚曾自述,"我的性情竟与科学最近",其理想则是以"现代科学家所用的方法"①来治史。正是以科学的方法为手段,顾颉刚对传统古史观大胆地提出了挑战,并由此引发了关于古史的持久讨论,而顾颉刚本人则成为古史辨中的风云人物。

古史辨的主流是疑古,顾颉刚对古史系统的重新解释,以质疑原有系统为其逻辑前提。他由辨伪书入手,进而萌发了"推翻伪史的壮志"②。在比较了《诗经》、《尚书》、《论语》有关古史的观念之后,顾颉刚对尧、舜、禹的地位发生了极大的疑问。就禹而言,在《诗经·商颂》中,禹被视为开天辟地的神,在《诗经·鲁颂》中,禹开始被看作是最早的人王,在《论语》中,禹更具体地被描绘成一个耕稼的人王。尧舜的传说也经历了类似的过程:《诗经》和《尚书》(除了首数篇)中没有提到尧和舜,《论语》开始论及他们,但语焉不详;而在更后起的《尧典》中,其德行政事才逐渐具体化。至于伏羲、神农、黄帝等等,尽管他们在传统的历史系统中居于前列,但在文献记载中却是晚出的人物。由此,顾颉刚对传统的古史系统作出了如下概括:这种传说系统是层累地造成的。所谓层累地造成,是指:第一,时代愈后,传说中的古史愈长;第二,时代愈后,传说中的中心人物愈放愈大。③ 质言之,越是早出的文献,所涉及的古史越短;越是晚出的文献,它所构造的历史便越长。从逻辑上说,后起时代的人,似乎不应详尽地记叙前代

① 顾颉刚:《自序》,《古史辨》第一册,上海:上海古籍出版社,1982年,第95页。

② 同上书,第42—43页。

③ 参见顾颉刚:《古史辨》第一册,中编,第60页。

人尚未提及的人物和事件,因此,这种记叙的可靠性便是值得怀疑的。

顾颉刚的疑古思想有其多重理论来源。从历史上看,刘知几、郑焦、崔述、章学诚、姚际恒等史学家对顾颉刚的思想产生了不可忽视的影响。顾颉刚后来曾回忆,在读了刘知几的《史通》、章学诚的《文史通义》后,逐渐意识到研究历史应当走"批评的路子"。同样,郑焦的《通志》也使他看到了一种批判的精神;在顾颉刚看来,这部著作具有独创性:"敢于批评前人,和清朝人的全盘接受前人的做法不同"①。姚际恒与崔述是顾颉刚所推崇的另外二位思想家。姚际恒系清初思想家,著有《九经通论》等著作,在经学研究中以勇于怀疑著称。其《九经通论》共170余卷,分《存真》、《别伪》两类,涉及了不少儒家经典的真伪之辨。姚际恒的著作大多已佚失,顾颉刚特花费了大量时间,重新发现了其中的四部。由注重姚际恒的辨伪,顾颉刚又进而倾心于崔述的考信,所谓考信,也就是考而后信。对姚际恒与崔述辨伪考信工作的回顾,在某种程度上引发了顾颉刚对古史的重新省察:"从姚际恒牵引到崔东壁,我们怀疑古史和古书中的问题又多起来了。"②可以看到,从刘知几到崔述的批判精神与辨伪,构成了顾颉刚疑古思想的传统来源。

然而,经传的辨伪与古史的存疑毕竟有所不同:后者涉及更广意义上的观念转换。事实上,顾颉刚的疑古思想,亦并非仅仅是历史上辨伪传统的简单延续,它更有其近代的思想背景。从学术思想看,章太炎和康有为是对顾颉刚产生重要影响的二位近代思想家。章太炎上承王阳明、章学诚,将六经视为史,并把孔子看作是历史上的哲人和学者,从而冲击了经学独尊的观念,顾颉刚在大学学习期间,常常

---

① 顾颉刚:《我是怎样编写〈古史辨〉?》,《古史辨》第一册,第 11 页。

② 同上书,第 9 页。

去听章太炎的讲座,章氏的观点对顾颉刚走出经学之域、以新的眼光审视历史无疑具有触动作用。与章太炎在经学上互为水火的康有为,给顾颉刚的是另一种影响。康有为在《孔子改制考》中指出:上古事茫昧无稽,孔子时夏殷的文献已苦于不足,何况三皇五帝的史事。顾颉刚读后,对"长素先生这般敏锐的观察力,不禁表示十分的敬意"。① 康有为的这种存疑态度及《新学伪经考》中的疑古精神,对顾颉刚怀疑古史同样具有激发的作用。

章太炎、康有为虽然尚未完全摆脱经学的门户,但其学术思想所体现的却是一种近代的观念。无论是章太炎的等观经史,抑或康有为的辨伪存疑,都蕴含着对传统价值观的偏离。在陈独秀、胡适那里,这种偏离进而引向了对传统价值系统更为激烈的冲击,后者在顾颉刚的思想中也有所折射。顾颉刚在北京大学学习期间,便已留意陈独秀主编的《新青年》,它所代表的新思潮,为顾颉刚的疑古史观提供了更直接的推动力量。顾颉刚在《古史辨·自序》中曾谈到了这一点:"以前我虽敢作批评,但不胜传统思想的压迫……到这时,大家都提倡思想革新,我始有打破旧思想的明确意识。"②《新青年》以民主和科学为旗帜,而科学的精神又常常被理解为不盲目信从传统的观念,对古史的存疑态度,可以看作是这种科学精神的体现。

科学观念所蕴含的怀疑精神,在胡适那里同样得到了多方面的展示。胡适在北京大学讲中国哲学史,以《诗经》作时代的说明,撇开唐虞夏商,从周宣王讲起。这一历史序列,实际上悬置了三皇五帝的传说时代,它对顾颉刚质疑传统的古史系统提供了一个具体的范例。顾颉刚后来在《古史辨·自序》中自述,"从此以后,我们对于适之先

① 顾颉刚:《古史辨》第一册,中编,第26页。
② 顾颉刚:《自序》,《古史辨》第一册,第35页。

生非常信服"。除了对古史的具体论述外,胡适还从方法论的层面,提出了存疑的原则,主张"以怀疑的态度研究一切"。作为一种方法论原则,怀疑的态度要求对一切以往的观念、信仰、学说等重新作批判的审察,它从更普遍的层面引导了顾颉刚的史学研究。

如果说姚际恒、崔述等的辨伪还带有某种学术异端的意味,那么,近代思想家,特别是陈独秀、胡适等的工作则更多地体现了对科学理性的追求。事实上,陈独秀、胡适当时都是科学的推崇者,《新青年》的两大旗帜之一,便是科学;而胡适的存疑原则,也首先归属于所谓科学方法。同样,在顾颉刚那里,对古史的存疑,也与科学的理性相联系。顾颉刚曾对治学原则作了这样的规定:"今既有科学之成法矣,则此后之学术应直接取材于事物。"①而从疑古的角度看,科学的成法又体现为一种理性的精神:

> 到了现在,理性不受宗教的约束,批评之风大盛,昔时信守的藩篱都很不费力地撤除了,许多学问思想上的偶像都不攻而自倒了。②
>
> 我的心目中没有一个偶像,由得我用了活泼的理性作公平的裁断,这是使我极高兴的。③

理性与宗教分野的背后,是科学与信仰的对峙;理性摆脱宗教的约束,意味着科学对信仰的超越。在此,科学的立场与理性的态度融合为一,它既构成了对古史存疑与自由批评的前提,又为这种存疑与批

---

① 顾颉刚:《自序》,《古史辨》第一册,第 32 页。
② 同上书,第 78 页。
③ 同上书,第 81 页。

评提供了内在的推动力。在顾颉刚的古史辨中,确实可以看到一种科学的理性精神。

　　存疑当然并不是疑古史观的全部内容,从史学研究的角度看,对古史的存疑,本身需要经过论证,后者则涉及具体的治史方法。与胡适相近,顾颉刚对清代学者的治学方法甚为推重。他曾作《清代著述考》,对清代学者的著述版本等作了考证和辑录。顾颉刚后来自述:"从这种种的辑录里,使我对于清代的学术得有深入的领会。我爱好他们的治学方法的精密,爱好他们的搜寻证据的勤苦,爱好他们的实事求是而不想致用的精神。"①从顾颉刚对古史的考辨中,我们不难看到清代学者无证不信、严于求是的治学原则对他的影响。清代学者的治学方法之所以为顾颉刚所注重,首先在于这种方法体现了科学的精神。也正是基于科学的精神,顾颉刚在肯定清代学者治学方法的同时,又批评清代学者往往"缚于信古尊闻的旧思想之下",亦即未能完全以科学的态度打破传统的信仰。

　　对顾颉刚来说,清代学者治学方法中所体现的科学精神,主要便是一种实证的观念。顾颉刚早年曾对宇宙人生的问题表现出较大的兴趣,希望通过哲学的研究来解决这方面的困惑;其大学时主修的专业,便是哲学。但后来逐渐意识到,用尽人类的理智,固然可以知道许多事物的真相,但所知道的也只是很浅近的一点,而非全宇宙。形而上的玄想(所谓"与造物者游"),不及"科学家的凭了实证"去研究具体的对象。② 这里已表现出注重实证研究、疏离形上思辨的趋向。顾颉刚后来自称"也算得受过科学的洗礼",此所谓洗礼,首先体现于科学方法的层面。顾颉刚所理解的科学方法,更多地与归纳相联系,

---

① 　顾颉刚:《自序》,《古史辨》第一册,第 29 页。
② 　同上书,第 32—34 页。

在他看来,"惟有用归纳的方法可以增进新知"①;实证的研究无非是通过对经验材料的分析归纳以获得某种假设,然后以新的经验材料(证据)去修正完善这种假设,使之逐渐近真。

归纳—实证的科学研究程序在古史辨中被提到了十分重要的地位。顾颉刚便一再主张"用科学的方法去整理国故",并认为尽管其治史过程已具体地运用了这种科学方法,但仍需进一步向科学化的理想之境努力:"我很想得到些闲暇,把现代科学家所用的方法,弘纲细则根本地审量一下,更将这审量的结果把自己的思想和作品加以严格的批判,使得我真能用了科学方法去研究,而不仅仅是标榜一句空话。"②不难看到,自觉而完备地运用科学方法,构成了顾颉刚真诚的追求;疑古思潮的展开,在某种意义上可以看作是上述科学追求的逻辑结果。这种科学的追求,同时也从一个方面展示了科学主义的立场。事实上,顾颉刚往往将历史考察中的辨伪,视为类似自然科学的研究,认为对伪书伪史"须经过一番化学的分析工夫"。③ 这里确乎亦可看到科学的某种泛化。

就具体的历史研究而言,顾颉刚的独创性主要表现在提出了层累地造成的古史这一假说。这既是一种历史观,又是一种历史研究方法。作为历史观,其内容包括前文曾提到的几个方面:其一,时代越后传说的古史期越长;其二,时代越后,传说中的中心人物越放越大;其三,我们在这上,即不能知道某一件事的真确的状况,但可以知道某一件事在传说中的最早的状况。④ 至于它的方法论内涵,胡适曾

---

① 顾颉刚:《自序》,《古史辨》第一册,第95页。

② 同上。

③ 顾颉刚:《古史辨》第一册,中编,第213页。

④ 同上书,第60页。

作了如下概括:(1)把每一件史事的种种传说,依先后出现的次序排列起来;(2)研究这件史事在每一个时代有什么样子的传说;(3)研究这件史事的渐渐演进,由简单变为复杂,由陋野变为雅训,由地方的(局部的)变为全国的,由神变为人,由神话变为史事,由寓言变为事实,(4)遇可能时,解释每一次演变的原因。① 无论是历史观,抑或历史方法,其中都蕴含着一种历史主义的观念,顾颉刚在《古史辨·自序》中,亦明确地肯定了这一点:"研究历史的方法在于寻求一件事情的前后左右的关系,不把它看作突然出现的。"古史辨的工作,在相当程度上也在于疏通历史的源流。

疑古派的历史主义原则,在胡适那里得到了较为自觉的表述。胡适在古史讨论中一开始便站在疑古派的立场之上,尽管他在具体的史实辨析方面并没有提出系统的看法,但在方法论上却俨然被奉为立法者。古史辨的主将顾颉刚曾说:"要是我不亲从适之先生受学,了解他的研究的方法,我也不会认识自己最近情的学问乃是史学。"②顾颉刚的历史观念,同样主要源自胡适。作为疑古方法的主要奠基者,胡适对历史方法予以了相当的关注并作了多方面的论述。按照胡适的理解,历史方法固然古已有之,但近代意义上的历史主义原则,却有其科学的依据,这种科学依据便是进化论:

进化观念在哲学上运用的结果,便发生了一种"历史的态度"(The Genetic Method)。③

① 顾颉刚:《古史辨》第一册,中编,第 193 页。
② 同上书,第 80 页。
③ 胡适:《实验主义》,《胡适文存》卷二,第 216 页。

如前所述,进化论首先是一种生物学领域的科学理论,胡适将历史态度视为进化论的运用,既是从方法论的层面对进化论的提升,又在某种意义上将历史主义的方法归属于实证科学之下。这里不难看到科学观念对历史研究的统摄。

作为实证科学的具体运用,历史方法往往指向事实之真。尽管疑古派并没有对历史本身的演变状况作系统的考证,但却对不同时代的历史传说作了相当细致的疏理和考辨。如就文献记载而言,周代所记载的"禹"与战国文献中的"禹",便有很多明显的差异,比较这些差异,便可以知道不同时代对某些历史人物的不同理解。历史传说中的真固然不同于历史本身的真,但仍属于广义的真;从而,揭示历史记载的客观状况,并没有离开求真的过程。对真的这种追求,与实证科学无疑也呈现相近的趋向。

当然,在求真的形式下,疑古思潮还具有另一重意义。如前所述,疑古观念的发生,一开始便与理性评判精神相联系,理性评判精神的兴起则以科学与民主的时代思潮为其背景。这种历史联系,使疑古史观本身也内含了某种价值观的意蕴。事实上,疑古派对此亦有自觉的意识。顾颉刚曾指出:

> 我们虽只讨论古书和古史,但这个态度如果像浪花般渐渐地扩大出去,可以影响于它种学术上,更影响于一般社会上。[①]

质言之,古史的讨论不仅仅涉及某一领域的学术问题,它同时包含着普遍的社会意义。古史辨的这种社会内涵,与科学精神(理性精神)的普遍性存在着逻辑的一致性。

---

① 顾颉刚:《古史辨》第三册,上编,第9页。

古史讨论展开之时,经学的时代虽然已经过去,但蒙在传统经典之上的神秘色彩并没有完全消失。疑古派从科学的理性精神出发,在辨析古史的同时,亦对经典作了某种还原的工作。顾颉刚曾分析了《易经》《诗经》的性质,摒弃了将二者视为神圣经典的传统看法:"于《易》则破坏其伏羲、神农的圣经的地位而建设其卜筮的地位;于《诗》则破坏其文武周公的圣经的地位而建设其乐歌的地位。……《易》本来是卜筮,《诗》本来是乐歌,我们不过为他们洗涮出原来的面目而已,所以这里所云建设的意义只是恢复。"① 经学代表的是传统的意识形态,它往往赋予某些古代文本以价值观意义,经学经典的还原,意味着消除这些文本的意识形态意义,使之成为科学研究的对象。

历史地看,传统的古史系统与传统的价值体系之间有着难分难解的联系,传统的价值观念,往往以传统的古史系统为其历史的根据。就价值追求而言,传统的观念往往将三代视为理想的社会形态,以为三代以后,历史常常每况愈下;由此形成的,是一种理想在过去的价值取向。疑古派以存疑的眼光重新审察古史,以往被理想化的时代受到了理性冷峻的考辨。顾颉刚后来明确主张"打破古代为黄金世界的观念",认为"我们要懂得五帝三王的黄金世界原是战国后的学者造出来给君王看样的,庶不可受他们的欺骗"。② 如果说,对某些古代史事、古代人物的存疑,主要展示了一种新的历史观,那么,推翻古代为理想社会的观念,则表现了对传统价值观的冲击。可以看到,古史的辨析与价值观的转换在疑古思潮中呈现出互动的格局。尽管疑古派中的人物(如顾颉刚)一再主张"在学问上只当问真不真",但其治史的过程并没有完全忘却价值的关怀。

---

① 顾颉刚:《自序》,《古史辨》第三册,第 1 页。
② 顾颉刚:《古史辨》第一册,中编,第 101—102 页。

疑古派以理性的存疑、评判精神和实证的态度、方法解构了传统的古史系统，也以这种理性精神和实证态度解构了传统的价值系统。无论是理性的精神，抑或实证的态度，都涵盖于广义的科学观念之下；从而，对古史与传统价值体系的解构，亦可视为科学观念的展开。前文已一再提到，20世纪初的科学，已逐渐获得了价值—信仰体系的意义，疑古派在运用科学方法进行实证研究的同时，似乎又从一个方面凸现了科学的价值观意义。古史讨论与差不多同时的科玄论战彼此呼应，使科学之"道"既制约了形而上的人生观，又渗入了史学这一具体知识领域。

## 二　古史新证

较之疑古派以科学的理性与科学的方法解构古史系统及传统的价值体系，并由此在史学领域突出了科学的价值观内涵，王国维更多地从事于史学本身的实证研究；同是推重科学，王国维的关注之点主要指向科学的内在价值。

疑古派主张推翻传统的古史系统，所着重的主要是破，顾颉刚对此并不讳言："我的现在的研究仅仅在破坏伪古史的系统上面致力罢了。"[1]在存疑和破的旗帜下，疑古派常常过分地强调否定和解构的意义。胡适明确提倡："宁疑古而失之，不可信古而失之。"[2]以此为原则，古史辨中的疑古，往往有时而疏。以"禹"的考辨而言，顾颉刚仅仅根据《诗经》等文献中的某些材料，便推断西周以前"禹"被视为神；

---

①　顾颉刚：《自序》，《古史辨》第一册，第50页。
②　顾颉刚：《古史辨》第一册，上编，第23页。

又根据《说文》等材料，进而将"禹"归结为某种动物。① 尽管顾颉刚后来对自己的看法有所修正，但在古史讨论初起之时提出的这些论点，对史学界已产生了相当大的影响。从某些方面看，疑古派确乎或多或少将科学信念下的存疑与科学信念下的独断融合为一。

王国维已注意到疑古派侧重证伪和存疑的偏向，尽管他对疑古派的怀疑态度与批评精神并不一概否定，但对其疑古之过却提出了批评："至于近世，乃知孔安国本《尚书》之伪，《纪年》之不可信。而疑古之过，乃并尧舜禹之人物而亦疑之，其于怀疑之态度及批评之精神不无可取，然惜于古史材料未尝为充分之处理也。"② 怀疑本来是为了得其真（去伪存真），但一味怀疑，却不免会走向反面。所以如此的原因之一，在于对材料未能全面地把握与运用。王国维所谓对古史材料未能作充分处理，在相当程度上既是指疑古派执着于怀疑的原则，又是指疑古派仅仅停留于传统的文献材料，而未能对古史材料作更广义的理解。

与疑古派的如上局限相对，王国维提出了著名的二重证据法。在《古史新证·总论》中，紧接以上引文，王国维对二重证据法作了具体阐释：

吾辈生于今日，幸于纸上之材料外更得地下之新材料。由此种材料，我辈固得据以补正纸上之材料，亦得证明古书之某部分全为实录，即百家不雅驯之言亦不无表示一面之事实。此二重证据法惟在今日始得为之。虽古书之未得证明者不能加以否

---

① 顾颉刚：《古史辨》第一册，中编，第 61—63 页。

② 王国维：《古史新证·总论》。《古史新证》是 1925 年王国维在清华学校国学研究院时编撰的讲义，其中第一章（即总论）、第二章曾刊载于 1926 年出版的《古史辨》第一册。

定,而其已得证明者不能不加以肯定,可断言也。

纸上材料即传统的文献材料,地下材料,即考古发现的新材料,如甲骨、金石等等。相对于文献材料,后者具有实物的形态。王国维对地下新材料的注重,当然并非始于此时,事实上,在此之前,王国维已指出"古来新学问起,大都由于新发见",并肯定"纸上之学问赖于地下之学问"。① 不过,明确地提出二重证据法,则是在古史讨论展开之后;它既可以看作是王国维自身史学研究的总结,也可以视为对古史辨的一种回应。

如前所述,疑古派之辨伪史,主要以文献材料为根据,尽管后来顾颉刚亦注意到了仅仅运用文献材料有其局限性,要再现真实的古史系统,离不开地下的实物材料,但从总体上看,疑古派并没有能真正运用考古材料进行实证性的研究。相形之下,王国维将地下的新材料视为研究古史的重要根据,以此印证传统的文献材料。从形态上看,地下的考古材料无疑更接近外在的客观对象,从地下的实物材料出发,在研究方式上亦更为趋近于自然科学的研究。可以看到,在推重实物材料的背后,多少蕴含着以自然科学为研究范式的学术走向。正如疑古派通过强化存疑原则而认同科学的理性精神一样,王国维在研究材料和对象上,以不同的方式展示了相近的科学追求。

当然,研究的对象和材料上与科学的趋近,还具有某种外在的形式,从方法论上看,二重证据法的意义并不限于此。王国维所说的纸上材料与地下材料,首先固然涉及史料的类别:一为文献材料,一为保存在地下的实物材料,但它又不仅仅限于材料的分类。地下的实

---

① 王国维:《最近二三十年中国新发见之学问》,《静庵文集续编》,《王国维遗书》第五册,上海:上海古籍书店,1983 年,第 65 页。

物之具有独特的价值,并不只是取决于其材料,在更内在的层面,它与这种材料的形成方式相联系。王国维所说的地下的材料,主要是甲骨、彝鼎等古代实物,在具体的内容上,它们所提供的,亦是一种文字记载(刻于甲骨、彝鼎之上的古代文字材料)。然而,就其来源而言,地下的这些甲骨文字和金文却是在传统的文献材料(纸上材料)之外独立形成的;换言之,它们并不是对其他文献材料的转录。从逻辑上看,如果两种记载是在彼此独立的条件下形成的,那么它们就具有了相互印证的可能;而如果这两种独立形成的材料提供了相同的记载,那么这种记载的可靠性也就获得了更多的根据。地下材料之所以重要,相当程度上在于它既具有本源性,又长期保存于地下,未受历史上文献转录的影响,从而较好地保持了其独立性。

二重证据法所体现的方法论原理,从一个方面折射了近代科学的研究方式。观察和实验是近代科学的基本手段之一,从观察这一层面看,如果观察的陈述仅仅来自某一个观察者,那么其可靠程度就较低;而当不同的观察者各自独立地提供了相同的陈述,这种陈述的可靠性程度也就相应地得到了提高。同样,以实验而言,科学研究要求实验的结果应当具有可重复性,也就是说,必须使不同的实验者在相同的条件下能独立地获得相同的实验结果,唯其如此,实验的结果才具有科学的价值。王国维早年曾研习科学,他的二重证据法要求以独立形成的材料相互参证,无疑渗入了近代科学的影响。正是二重证据法所内含的科学方法论原理,使之区别于传统的金石研究,也正是在相近的意义上,陈寅恪认为王国维的研究方法"足以转移一时之风气而示来者以轨则"[1],所谓示以轨则,也就是提供一种新的研究

---

① 陈寅恪:《王静庵先生遗书·序》,《王国维遗书》第 1 册,上海:上海古籍书店,1983 年,第 1 页。

范式。在引入科学方法的背后,我们不难看到科学观念的深层浸润。

作为科学的方法,二重证据法首先以求真为目标。如果说,疑古派主要以科学的理性精神揭示伪史的不真实,那么王国维的古史新证则试图通过对考古新材料的实证研究,从正面提供真实的历史。与之相联系,王国维对材料的发掘运用予以了特别的关注,除了甲骨、金石外,王国维对其他实物形态的材料也极为注重:"金石之出于邱陇窟穴者,既数十倍于往昔。此外,如恒阴之甲骨,燕齐之陶器,西域之简牍,巴蜀齐鲁之封泥,皆出于近数十年间,而金石之名乃不足以该之矣,之数者,其数量之多,年代之古,与金石同,其足以考经证史。"①在古史研究中,王国维运用的材料之广、考辨之深入,往往为前人所不及。通过材料的扩展和考释以求其真的这种研究路向,确乎体现了实证化的科学范式。

与实证的研究相联系,从总体上看,王国维所追求的真,主要指向具体的事实领域。以二重证据为手段,王国维对殷周历史、西北地理、蒙古史与元史等作了广泛而扎实的研究,取得了令世人瞩目的成绩。然而,这种研究基本上都没有超出事实考辨之域。以王国维的名著《殷卜辞中所见先公先王考》而言,此书以殷墟卜辞考史,证实《史记》所载殷代世系确有根据,在史学研究中实属创举,并有极为重要的学术含义。甲骨中的卜辞固然早已发现,但可以说直到此时,它对历史研究的价值才真正显示出来。不过,从具体的内容看,这种历史考察的价值,主要不外乎史事的澄清。如殷代高祖王亥是否实有其人,在历史上一直是个悬案。王国维在卜辞研究中发现了王亥之名,并考证出此人且被奉为高祖,从而为王亥的存在提供了原始的材

---

① 王国维:《齐鲁封泥集存序》,《王国维遗书》第三册,上海:上海古籍书店,1983 年,第 19 页。

料。然后，又进一步考察文献材料：《山海经·大荒东经》已有关于王亥的记载，《世本》王亥作王，《帝系篇》王亥作王核，《楚辞·天问》亥作该，《汉书·古今人表》作垓；核、该、垓皆亥之通假字。《史记·殷本纪》及《史记·三代世表》两处王亥皆作王振，振与核、垓二字形近而讹。经过文献记载与甲骨卜辞的这种互证，王亥作为历史人物，其存在就得到了确认，它对具体地了解殷代的世系，提供了重要的资料。运用二重证据法所进行的这种考证，在考察的严密性等方面，无疑近于实证科学的研究；同样，与实证研究一致，它所解决的问题，也主要是事实的确证。

即使是史论性的著作，如《殷周制度论》，亦仍以事实的辨析为主题。《殷周制度论》是 20 世纪初的史学名著，在该文中，王国维开宗明义即指出："中国政治与文化之变革，莫剧于殷周之际。"政治、文化的讨论，似乎属宏观的理论题目，但王国维在此文中所做的主要工作，是论证以下三个观点："周人制度之大异于商者，一曰立子立嫡之制，由是而生宗法及丧服之制，并由是而有封建子弟之制，君天子臣诸侯之制。二曰庙数之制。三曰同姓不婚之制。"①立子立嫡、庙数、同姓不婚都属于具体的历史事实，王国维以卜辞研究的成果，着力论证殷代制度"以弟及为主而子继辅之"，直到周代才出现了立子立嫡制，等等，所着重的，首先是以上史实的考订。尽管这种考订亦涉及重要的理论问题，但与殷卜辞中所见先王先公考相似，它在总体上更倾向于实证的研究。②

王国维以渗入了实证科学精神的二重证据法为工具，开辟了古

---

① 王国维：《殷周制度论》，《观堂集林》卷十。
② 就具体的结论而言，王国维在此文中提出的一些看法亦有可议之处，已有论者提出了这一点，此非本文的主题，这里不作详辨。

史新证的研究方向。如果说,在疑古派那里,科学的信念主要转化为一种理性的评判精神,并由此而为解构传统的古史系统及与之相联系的传统价值系统提供了价值观的支持,那么,在王国维那里,科学的观念似乎主要具体化为一种方法论中的确信:运用科学的方法,便可以再现历史事实之真;前者较多地从价值观的层面认同科学,后者则以趋近于实证科学的研究方式表现了对科学的信念,二者从不同的方面展示了科学在史学领域的主导趋向。

## 三　史学的实证化

疑古派之辨"伪史",王国维之证古史,蕴含着同一个目标,即实现史学的科学化,后者同样构成了傅斯年的学术理想。当然,较之疑古派与王国维,傅斯年对科学化的追求,表现得更为自觉;在史学科学化的道路上也相应地走得更远。

从历史和逻辑统一看,傅斯年的历史研究,以顾颉刚及王国维的工作为其出发点,而傅斯年对顾颉刚、王国维的工作也作了多方面的肯定。在谈到顾颉刚的古史考辨时,傅斯年一再强调其中包含着"科学家精神",并认为层累地造成的古史观,"乃是一切经传子家的总锁钥,一部中国古代方术思想史的真线索,一个周汉思想的摄镜,一个古史学的新大成"①。而顾颉刚的史学观之所以具有价值,首先便在于它合乎科学的准则:

大凡科学上一个理论的价值,决于他所施作的度量深不深,

---

① 傅斯年:《与顾颉刚论古史书》,《傅斯年选集》,天津:天津人民出版社,1996 年,第 146、147 页。

所施作的范围广不广，此外恐更没有什么有形的标准。你这个古史论（指顾颉刚的层累地造成的古史论——引者），是使我们对于周汉的物事一切改观的，是使汉学的问题件件在他支配之下的，我们可以到处找到他的施作的地域来。①

在此，傅斯年对作为历史观的层累造成论，与一般意义上的科学作了理论上的沟通；这种沟通既以确认科学的普遍涵盖性为前提（凡科学理论都具有广泛的适用范围），又由此论证了顾颉刚史学理论的科学性。

同样，对王国维的史学研究，傅斯年也予以了极高的评价。在《史料学导论》中，傅斯年特别列举了王国维在卜辞研究方面的代表性著作，认为："王静庵君所作《殷卜辞中所见先公先王考》两篇，实在是近年汉学中最大的贡献之一。"关于王国维的这种史学贡献，傅斯年作了如下的具体概述："王君拿直接的史料，用细密的综合，得了下列的几个大结果。一，证明《史记》袭《世本》说之不虚构；二，改正了《史记》中所有由于传写而生的小错误；三，于间接材料之矛盾中（《汉书》与《史记》），取决了是非。这是史学上再重要不过的事。"②简言之，王国维的贡献主要便表现在运用第一手的材料，考订一件件的事实；在傅斯年看来，这就是史学研究最主要的任务。

对顾颉刚、王国维史学研究的如上概括和评价，同时也蕴含了傅斯年本人对史学的理解。在论述历史学研究的旨趣时，傅斯年提出了一个著名的命题，即"史学便是史料学"③。按傅斯年的看法，正是

---

① 傅斯年：《与顾颉刚论古史书》，《傅斯年选集》，第149页。

② 同上书，第195—196页。

③ 傅斯年：《史学方法导论》，《傅斯年选集》，第193页。

以史料学为内容,使近代的史学区别于传统的史学:

> 历史学不是著史:著史每多多少少带点古世中世的意味,且每取伦理家的手段,作文章家的本事。近代的历史学只是史料学,利用自然科学供给我们的一切工具,整理一切可逢着的史料,所以近代史学所达到的范域,自地质学以至目下新闻纸。①

这里所说的近代史学,也就是与近代科学发展逐渐趋同的历史学,而它之所以具有科学性,主要便在于其自觉地定位于史料学。所谓"历史学只是史料学",强调的是史料在历史学中的至上性。

以史料为史学的唯一内容,意味着将历史的研究主要理解为史料的发掘和整理。在谈到史学研究的任务时,傅斯年作了如下论述:"能利用各地各时的直接材料,大如地方志书,小如私人的日记,远如石器时代的发掘,近如某个洋行的贸易册,去把史事无论巨者或细者,单者或综合者,条理出来,是科学的本事。科学研究中的题目是事实之汇集,因事实之研究而更产生别个题目。"②这里首先把史学的研究纳入科学之列,而其具体内容则不外乎材料的发掘、梳理。史学的研究当然离不开史料,理论的分析也应当以史料为根据,但把史学研究归结为史料的汇集,则是经验科学研究模式的普遍化。

作为史料的汇集,史学研究的方法,主要被理解为史料的比较。在论述史学方法时,傅斯年反复地强调了这一点:"假如有人问我们整理史料的方法,我们要回答说:第一是比较不同的史料,第二是比较不同的史料,第三还是比较不同的史料。"所谓比较不同的史料,也

---

① 傅斯年:《历史语言研究所工作之旨趣》,《傅斯年选集》,第 174 页。
② 同上书,第 176 页。

就是对不同的历史记载加以对照,以了解事实的真相:"历史的事件虽然一件事只有一次,但一个事件既不尽止有一个记载,所以这个事件在或种情形下,可以比较而得其近真;好几件的事情又每每有相关联的地方,更可以比较而得其头绪。"[①]这种史学方法与王国维的二重证据法颇有相通之处:二重证据所涉及的,同样是不同史料之间的比较参证。不过,傅斯年以更为强化的形式突出了史料比较在史学研究中的意义,并由此对史学与实证科学作了进一步的沟通。

从史学即史料学这一前提出发,傅斯年反对在史学研究中进行疏通和推论:

> 我们反对疏通,我们只是要把材料整理好,则事实自然显明了。一分材料出一分货,十分材料出十分货,没有材料便不出货。两件事实之间,隔着一大段,把他们联络起来的一切涉想,自然有些也是多多少少可以容许的,但推论是危险的事,以假设可能为当然是不诚信的事。所以我们存而不补,这是我们对于材料的态度;我们证而不疏,这是我们处置材料的手段。[②]

此所谓疏通和推论,主要是指理论的分析和阐释。相对于材料的考辨与整理,理论的分析总是涉及对材料的抽象和推论,并要求把握材料之间的逻辑关联。傅斯年主张对材料存而不补,固然表现了尊重事实的立场,但由此强调证而不疏,则多少将材料的整理与理论的分析视为两个不相容的序列。对理论疏通和推论的如上拒斥,无疑体现了史学科学化的意向,但其中渗入的科学观念,又明显地带有实证

---

① 傅斯年:《史学方法导论》,《傅斯年选集》,第 192—193 页。

② 傅斯年:《历史语言研究所工作之旨趣》,《傅斯年选集》,第 180—181 页。

论的印记。

史学的任务既然只是整理材料,而非理论的阐释,则衡量史学的进步,也主要以材料的积累和扩展为根据。傅斯年曾言简意赅地指出了这一点:"凡一种学问能扩张他研究的材料便进步,不能的便退步。"①与之相应,在史学研究中能否超越前人,主要便取决于是不是能发现新的材料:"我们要能得到前人所得不到的史料,然后可以超越前人。"②从某些方面看,史学研究的深化和拓展确实与新材料的发掘相联系,然而,史学研究的进步,并非仅仅体现于新材料的发现,随着理论视野的扩展,社会文化背景的变迁,人们往往可以从已有的材料中读出新的内容、揭示新的意蕴。傅斯年将史料的发现和积累视为史学发展的唯一条件,似乎以经验主义的科学观限定了史学。

事实上,傅斯年确实将经验科学理解为一种理想的范式,在著名的《历史语言研究所工作之旨趣》一文中,傅斯年要求"把历史语言学建设得和生物学地质学等同样",亦即将生物学、地质学这一类经验科学,视为历史学的样板,以之作为史学的努力目标。为了使史学达到科学之境,傅斯年甚而主张将经验科学的方法引入历史学:"地质、地理、考古、生物、气象、天文等学,无一不供给研究历史问题者之工具。"③以史学为史料学,实质上即表现了对经验科学的某种效法:通过材料的发掘与整理以把握具体事实之真,同时也就是傅斯年所理解的地质学、生物学等科学的研究方式。

以经验科学为样式,同样体现于对史料本身的理解。傅斯年将史料区分为直接史料与间接史料二类,凡未经中间人手修改省略、转

① 傅斯年:《历史语言研究所工作之旨趣》,《傅斯年选集》,第 177 页。
② 同上书,第 195 页。
③ 同上书,第 178 页。

写的,是直接史料;经过修改或省略、转写的,则是间接史料。傅斯年所说的直接史料,与王国维所谓地下材料有相通之处。不过,王国维所理解的地下材料,基本上是指刻有文字的甲骨、金文等,如前所述,它固然不同于纸上的文献,但仍是一种文字记载;相形之下,傅斯年赋予直接史料以更广的内涵。除了甲骨、彝鼎等刻有文字的材料之外,在傅斯年那里,直接史料还包括考古实物,如陶器、铜器、房屋及前人所制造和使用的其他器物。按傅斯年的看法,"古代的历史,多靠古物去研究,因为除古物外,没有其他的东西作为可靠的史料"①。作为实物,地下考古材料似乎更接近实证科学研究的对象;从地下的文字材料,到地下的考古实物,史学进一步在研究对象上向实证科学靠拢。

史学研究在广义上包括思想史的研究。与史学即史料学这一基本论点一致,傅斯年对思想史的内容首先作了语言材料上的理解。在他看来,"哲学乃语言之副产品",他以西方思想史为例,对此作了具体论述:

> 思想既以文化提高了,而语言之原形犹在,语言又是和思想分不开的,于是乎繁丰的抽象思想,不知不觉的受他的语言之支配,而一经自己感觉到这一层,遂为若干特殊语言的形质作玄学的解释了。②

质言之,哲学不过是对语言作思辨解释的产物;思想史(哲学史)可以

---

① 傅斯年:《考古学的新方法》,《傅斯年选集》,第184页。
② 傅斯年:《战国子家叙论》,《史料论略及其他》,沈阳:辽宁教育出版社,1997年,第97页。

还原为语言的演化史。与之相应,思想史的研究,也可以归结为语言的分析,亦即把繁复的玄学表述,还原为简易的语言陈述。在谈到佛学典籍的解读时,傅斯年便明白地表述了这一观点:"今试读汉语翻译之佛典,自求会悟,有些语句简直莫名其妙,然而一旦做些梵文的工夫,便可以化艰深为平易,化牵强为自然,岂不是那样的思想很受那样的语言支配吗?"①依此,则思想史的难题,一旦运用语言的分析便可迎刃而解。这种看法或多或少以语言的分析取代了理论的阐释,它可以看作是强调史料整理而拒斥理论疏通这一史学观的逻辑引申。

傅斯年不仅在理论上提出了上述原则,而且力图将其贯彻于自身的研究过程。他曾撰《性命古训辩证》一书,对"性"、"命"的范畴作了研究,而贯穿其中的一个基本论点,便是"以语言学的观点解释一个思想史的问题"。② 从外观上看,这一研究与戴震的《孟子字义疏证》似乎颇有相通之处:二书均以思想史上的重要范畴为研究对象。然而,恰恰是对戴震,傅斯年在上述著作中一再提出批评,认为他"师心自用者多矣"。戴震是乾嘉考据学中的重镇,而考据学又以事实的辨析为主要内容,傅斯年本应引戴震为同道,何以反给予他如此苛评? 问题的症结之一便在于戴震《孟子字义疏证》一书的多重性。如前所述,就其形式而言,戴震在该书中运用了类似几何学的推论系统,但全书的内容,又主要展开为一种理论的分析;正是后者,偏离了傅斯年"证而不疏"的原则,而所谓"师心自用",也显然主要对戴震的哲学阐释而发。

傅斯年肯定语言分析在思想史研究中的意义,无疑有其见地。

---

① 傅斯年:《傅斯年选集》,第 72 页。
② 同上书,第 71 页。

从思想史的研究看,语言分析对于准确地把握思想史上重要范畴的含义,并深入地理解思想史的演变,确乎不可或缺。然而,由此将思想史的研究仅仅归结语言分析,则又表现了一种实证论的立场,它在某些方面接近于 20 世纪逻辑经验主义对哲学的理解。而就中国近代史学思想的演进而言,把思想史演进还原为语言分析,又以认同实证论的方式,从一个更为内在的方面展示了科学化的追求。

要而言之,傅斯年以史料学限定史学,悬置史料整理、语言分析之外的理论阐释,试图以此担保史学的科学化。从理论来源看,傅斯年对史学的这种理解无疑受到了近代西方某些史学流派的影响,这里首先应当一提的是德国的兰克学派。兰克学派的奠基者是兰克(L. V. Ranke),他强调史学研究中的客观性,认为史学的目的"只不过要如实直书"[①]。所谓如实直书,也就是通过广泛地收集和严密地整理材料,对历史事实作客观的叙述,避免一切虚构,这里已蕴含着一种科学化的要求。傅斯年曾留学德国,对兰克学派的史学思想也甚为推重;在其史学即史料学的论点中,不难看到兰克学派的浸染。但这仅仅是问题的一个方面。作为中国近代史学衍化过程中的一个环节,傅斯年的史学思想又是从顾颉刚到王国维这一思维路向的逻辑延续:顾颉刚的疑伪求真,王国维的古史实证,已从不同方面表现了实证化和科学化的追求,傅斯年则通过史学与史料关系的界定,在更普遍的意义上展示了上述演进方向。

史学中科学化的追求当然并不限于从顾颉刚到傅斯年的演进过程,在陈寅恪、陈垣等人的史学研究中,同样或多或少可以看到类似的趋向。它对于促进史学走向近代形态,应当说起了不可忽视的作用。以实证化和科学化为理想范式,在史学的一些具体领域,亦形成

①〔德〕兰克:《兰克〈教皇史〉选》,北京:商务印书馆,1980 年,第 3 页。

了一系列重要的学术成果。然而，一味地追求实证化和科学化，也往往容易使史学停留于浅表的层面，并难以全面地把握历史过程本身。后者在 20 世纪 20 年代和 30 年代的中国社会史及中国社会性质论战的某些派别中表现得尤为明显。以参加论战的新生命派及托派而言，撇开其背后的政治背景，从研究方式上看，也不难注意到科学观念的影响。尽管他们的讨论已不限于史料的整理，而是试图提供一种历史的解释模式，但其中亦渗入某种科学化的思维趋向，新生命派及托派便一再标榜所谓科学的方法，并常常罗列各种并不全面的统计数据，试图通过仿效自然科学的量化方式，以取得某种科学的外观。陶希圣更明确地把"统计法"作为中国社会史研究的主要方法，并将其列入所谓科学的归纳法之中。① 对科学的这种外在效法，使史学研究中的科学化多少流于庸俗化。

---

① 陶希圣：《中国社会之史的分析·绪论》，沈阳：辽宁教育出版社，1998年，第 5 页。

# 第七章

## 科学与哲学

　　史学的实证化与科学化,主要从科学与具体知识领域的关系上展示了科学对近代思想与学术的统摄。在更为形而上的层面,科学之锋又指向了哲学。事实上,前文所论科学与玄学的论战,已涉及了科学与哲学的关系,而在此前及此后,科学与哲学的关系亦在不同意义上受到种种关注。当哲学被置于科学的视野之下时,它也与史学一样,逐渐趋向于科学化,而哲学的科学化,往往又伴随着科学的哲学化;后者则赋予科学以更普遍的品格,并使之进一步君临思想与文化领域。

### 一　哲学的科学化

　　从近代思想史的发展看,王国维是较早论及科学与哲学关系的思想家之一。在回顾其思想历程时,王国维指出:"伟大之形而上学,高严之伦理学,与纯粹之美学,此吾人所酷嗜也。然求其可信者,则宁在知识论上之实证论,伦理学上之快乐论,与美学上之经验论。知其可信而不可爱,觉其可爱而不能信,此近二、三年中最大之烦闷。"[①]此所谓实证论,固然也兼及实证主义,但同时亦指实证科学;形而上学则指思辨意义上的哲学。与之相联系,在王国维那里,可信与可爱的冲突既意味着形而上学与实证主义的紧张,也隐含着思辨哲学与实证科学之间的相互对峙,而徘徊于二者之间,则构成了王国维的思维走向。

实证科学与思辨哲学之间的徘徊,既体现了对科学价值的确认,也折射了形而上学的影响。前一方面的强化与引申,便表现为以科学的立场拒斥形而上学;在胡适那里,便不难看到这一趋向。胡适一再推崇科学的价值,强调科学实验室的态度,并由此对形而上的"道"、"理"等提出批评。在他看来,科学所研究的是具体的对象,形而上之"道"、"理"则涉及超验的存在;传统哲学往往即以超验的存在为对象,因而缺乏合理性。正是基于以上看法,他对杜威的哲学观颇为赞赏:"杜威在哲学史上是一个大革命家。为什么呢? 因为他把欧洲近世哲学从休谟(Hume)和康德(Kant)以来的哲学根本问题一齐抹煞,一齐认为没有讨论的价值。"[②]这里展示的,是一种反形而上学的立场;它既体现了实证主义的原则,又以科学实验室的态度为其源头。如果说,在王国维那里,实证科学与思辨哲学呈现出某种分离的态势,那么,胡适则进而以科学实验室的态度拒斥了形而上学。

---

① 王国维:《自序二》,《静庵文集续编》,《王国维遗书》第五册,上海:上海古籍书店,1983 年,第 21 页。

② 胡适:《实验主义》,《胡适文存》卷二,第 230 页。

对科学与哲学对峙的另一种回应方式,是从分离回归统一,王星拱在这方面似乎具有一定的代表性。科学在近代的凯歌行进,是王星拱强调的首要事实:"近来科学发展,一日千里,似乎把哲学的领土侵略殆尽了,哲学尚有其本身的范围与否,还是一个问题。"①在科学日益扩展的背景下,哲学的唯一选择便是向科学靠拢:唯有如此,哲学才能立足。王星拱对此作了明确阐述:"科学是要用科学的方法,哲学也要采取科学的方法,换言之,即具有科学的精神,方能成为哲学。"②在此,引入科学方法,构成了哲学所以可能的条件。

科学精神向哲学的渗入,意味着让哲学接受科学的洗礼。这种洗礼在王星拱那里常常被理解为哲学的科学化。在比较哲学与科学的历史发展时,王星拱指出:

> 依历史沿革和近代趋势而言,哲学的历史甚长而进步甚缓,科学的历史甚短而进步甚速。因为哲学中的结论,没有切近的证明,所以易于发生辩论;科学中的结论,都是紧密依据于观察试验的,所以其所得的领土,虽不是"子子孙孙永宝用",然而却不是朝秦暮楚,旋得旋失的。而且近代哲学,都有科学化的性质。这不是因为科学势力大了,而使哲学屈服于其下,是因为哲学在历史上所制造的虚浮无着的辩论,实在是太多了。拘迫过久,则思解放,紊乱过多,亦思秩序,于是我们渐渐觉得要多在耳闻目见的方面做工作。③

①　王星拱:《科学概论》,上海:商务印书馆,1930 年,第 210 页。
②　同上书,第 231 页。
③　同上书,第 230—231 页。

科学注重实证(观察试验),故切实而进步甚速,哲学则缺乏实证,因而虚浮紊乱。这样,哲学的科学化,即意味着以实证的精神来净化哲学,所谓在耳闻目见方面多做工作,也就是用实证来破思辨。

类似的看法亦见于王星拱同时代的其他论者。杨伯恺在谈到科学与哲学的关系时,便指出:"科学的哲学是以科学之发达为其构成的条件,以科学为其建立的基础,并不能外于科学、超越科学,它只能以其充分的科学性而愈加科学化。"①肯定哲学的发展不能完全脱离科学,这当然不失为一种合理的见解。然而,以科学化为哲学的理想模式,并将科学化理解为与耳闻目见等相联系的实证化过程,则不免模糊了科学与哲学的界线。哲学自古希腊及先秦开始,便以智慧的探求为其内容,它既要求把握世界的统一原理和发展原理,又不断地指向人生的存在境界。相形之下,科学则以经验领域的知识为内容。它所指向的,是对象世界中的某一方面或某一层面;知识与智慧固然不能截然分离,但同样也不能因此将智慧还原为知识。王星拱辈的哲学科学化之论,似乎忽视了这一点。

经过科学化之后,哲学将呈现为何种形态?王星拱以"科学的科学"对此作了概述:"'哲学为科学之科学'之一个命辞,实在包含着深切的意义。"②以哲学为科学的科学,这当然并不是一个新的提法,在哲学发展的早期,哲学常常即被视为科学的科学;此所谓科学的科学,主要与哲学的早期存在形式相联系:在各门科学尚未分化并取得独立存在形态之时,哲学往往呈现为涵盖各门学科的母体。随着科学的分化与独立,哲学作为科学的科学这一意义已渐渐不复存在。王星拱当然也不能无视历史的以上变迁:所谓科学的科学,在王星拱

---

① 杨伯恺:《哲学与科学》,《研究与批判》第 2 卷,第 4 期,1936 年 2 月。
② 王星拱:《科学概论》,第 231 页。

那里并不是指早期形态的哲学。对王星拱来说,哲学作为科学的科学,主要表现为"各种科学的和一":

> 哲学之和一各种科学,与各种科学之和一其范围以内的真理(即各种科学中之假定理论定律等等)一般。各种科学之和一,可谓低级的和一,哲学的和一,可谓高级的和一。后者之自然性,及其合法与重要,与前者相同,不过提高一层罢了。①

这里的"和一"有综合、统一之义。每一门科学都有不同的理论、定律、定理等等,唯有将这些理论、定律等统一起来,科学才呈现为具有逻辑关联的系统。同样,各门科学也需要通过综合而达到一个相互联系的系统。值得注意的是,王星拱将每门科学内部的和一,与哲学对各门科学的和一,理解为一种低级与高级的关系,与之相应,哲学也就成为"高级"形态的科学,而哲学之为科学的科学,也意味着哲学统一于科学。

王星拱的如上看法与后来米泽斯的论点似乎有某些相通之处。按米泽斯之见,像形而上学这种与科学看起来相异的学科,与科学同样存在某些共同之点,科学与形而上学具有相同的目标,这些目标包括"提供关于世界的精神表象,描述实在,揭示能指导人类实践的内在关系",等等。这里也表现出将哲学(形而上学)纳入科学的趋向。不同的是,较之王星拱将哲学视为科学的高级形态,米泽斯将作为哲学分支的形而上学理解为初级形态的科学,后者更多地强调了科学对哲学的优先性。②

---

① 王星拱:《科学概论》,第 231—232 页。

② Richard von Mises, *Positivism: A Study in Human Understanding*, Cambridge, MA and London: Harvard University Press, 1951.

作为科学的科学,哲学的和一工作具体表现在对各门科学的定位:"若是有哲学来尽这个会同的职务,则各种科学本身之重要,或附属之地位,及其间之秩序与谐和之关系,都可以有适宜的处置。"①各门科学之间需要相互沟通,哲学的职能便在于对不同的学科加以沟通,并由此建立普遍的秩序。这里似乎包含两个相互联系的环节:首先通过哲学的科学化(实证化)而使哲学取得科学的形态,尔后转而以科学意义上的哲学赋予科学以秩序,而哲学则在这种"和一"、沟通工作中,进一步获得了科学的品格。

以哲学的科学化作为一种理想的追求,当然并不仅仅体现于王星拱等中国近代思想家之中。事实上,在现象学的奠基者胡塞尔那里,已经可以看到类似的提法。胡塞尔在 1911 年所作的《哲学作为严格的科学》一文中,已提出了使哲学成为严格科学的主张。然而,应当指出的是,胡塞尔所谓严格科学,并不是通常意义上的自然科学或实证科学,相反,他在上述论文中对自然主义的科学观提出了种种批评,所谓自然主义的科学观,首先是指实证主义的科学观,其特点在于将科学主要理解为经验领域的实证科学。② 胡塞尔所谓严格科学,在某种意义上恰好试图超越那种自然主义的实证科学观念,包括执着于心、物的二分、停留于经验的层面等等。他所提出的本质还原与先验还原,即旨在突破经验科学与常识的观念,以指向纯粹意识或绝对的所与,这是一种悬置了外部对象、经验之后所达到的最本源的存在,也是一种最直接、自明的规定,以此为本,便可以使哲学获得可靠的基础,并进而走向严格科学。在《哲学作为严格的科学》一文的

---

① 王星拱:《科学概论》,第 232 页。
② 〔德〕胡塞尔:《哲学作为严格的科学》,《胡塞尔选集》,上海:上海三联书店,1997 年,第 89—92 页。

结尾,胡塞尔对此作了明确的表述:"因为在现代最引人瞩目的科学之中,即数学—物理科学之中,表面上占据它们大部分工作的东西都出自种种间接的方法,所以我们都特别倾向于过高估计间接方法,并且错误理解直接的把握。然而,哲学必须追溯到终极的起源,在这个程度上说,哲学恰恰属于它自己的本质,这种本质是它的科学工作在直接的直观领域中所推动起来的。因而,我们的时代必须迈出的最伟大的一步就是认识到,随着正确意义上的哲学直观——对本质的现象学把握,一个无限的工作领域展开了,而且还有一种科学——尽管它没有任何间接的符号的与数学的方法,没有前提与结论的设置,却仍然达到最严格的而且对于进一步的哲学又是决定性的认识的极大丰富。"①

可以看到,对胡塞尔来说,哲学成为严格科学,其含义在于通过本质还原和先验还原以达到直接的纯粹意识或绝对所与,并以此扬弃数学、物理学等尚停留在间接性的实证科学观念(自然主义观念)。只有在本质的直观中,哲学才能真正达到属于自己的本质。与之相对,王星拱等所谓哲学的科学化,则首先意味着哲学向实证科学靠拢。如果说,胡塞尔试图以现象学克服自然主义(包括实证主义)执着心物之分、外在的经验等趋向,并由此为哲学提供可靠的基础,那么,王星拱则以肯定科学的普遍价值为沟通哲学与科学的前提。在这方面,王星拱的立场无疑更接近实证主义。

在王星拱那里,哲学的科学化不仅体现于作为整体的哲学,而且展开于哲学的各个分支。以美学而言,美的探索与科学的实证研究本属不同的领域,但在王星拱那里,美学却被归属于科学:"美学就是研究美术的科学,换一句话说:就是用科学的方法,去研究美术之普

---

① 〔德〕胡塞尔:《哲学作为严格的科学》,《胡塞尔选集》,第 143 页。

通原理、审美的根据和美术创造者的动机。"①科学总是追求对事物的理性解释，作为科学的一种形态，美学也同样被视为以理解为指向："它（美学）要把美感从本能感觉的范围之中，升到理解的水平线之上。"②此所谓理解，就是以科学的方法对美感作理性的分析。在这里，哲学的科学化逻辑地引向了美学的科学化。

理论形态的美学与科学既不可分，则作为艺术创造的美术同样难以与科学脱钩。王星拱往往将美术家比作工程师，"美术家必须了解美学，就同工程师必须了解物理学一般"③。在美的创造这一层面，科学的作用体现于各个方面；它可以给艺术创造提供种种的材料，并成为美感（优美及壮美）的源泉："从物理学里，我们看见各种能力之改换。从化学里，我们看见各种物质之变化。从进化论里，我们看见各种生物滋生繁殖，推陈出新，形态蜕幻，种族递嬗。于是我们更觉得宇宙全体，如川流之不息，如日月之互移，又何曾妨害美术家的玩赏呢？"④同样，雄健、阔大、悠久、秩序等美感，也可以由天文学、地质学、细胞学等科学来提供。科学渗入到了美学及美的创造的各个方面，而后者则似乎成为科学的一种存在形态。

哲学既涉及美，又指向善，而善的追求又首先与伦理学相联系。从美过渡到善，科学的作用同样体现于其中。在谈到科学与伦理学的关系时，王星拱指出：

科学之功效，既不只轮船火车之应用的技能，也不只热涨冷

---

① 王星拱：《科学概论》，第249页。
② 同上。
③ 王星拱：《科学概论》，第251页。
④ 同上书，第254—255页。

缩之物理的理论。它对于这样的大问题——利己利他的问题，伦理学中的基本问题——必得也有一种特殊的贡献。①

在科学与玄学的论战中，王星拱已论及科学与人生观的关系，以为科学能够影响人生观；科学与伦理学的关系，可以看作是上述讨论的延续。科学如何作用于伦理学？王星拱着重从物我观与因果论上作了分析。在他看来，科学已证明，物和我是不可分的，"物与我既不能分，则利己与利他，自然也不能有相反的区别"②。物我不能分，是"物即我的感觉"的另一种表述，这本是具有马赫主义色彩的看法，但王星拱则以生物学、生理学等经验科学加以论证，赋予它以某种科学的外观；这种科学化的论点转过来又为伦理学的命题提供了"科学"的根据。

与科学有更切近联系的是因果观："科学之构造，以因果律为脊椎。"③因果律强调，天下无无因之果，亦无无果之因，而伦理行为则以意志的自由选择为前提，二者是否存在内在的紧张？王星拱的看法是否定的。在他看来，因果律与意志的活动并非彼此排斥，二者可以一致而不悖："由外界的刺激，而发生欲望，由欲望的联想，而呈现引导的目的，由各种目的之比较与选择，而构成意志，由意志之规定，而又以过去的经验为动力，而见诸实行，固然是层层都是因果的关系；然而决没有像寻常所说的不自由那一种痛苦。因果律的了解，只能使我们增加责任心。它并不是叫我们把责任推到外界上去，而'我'却悠然无事，因为物和我是分不开的。如果这样底不负责任，那就不是科学的见解了。"④在这里，道德行为的选择，处处都受到科学因果

---

① 王星拱：《科学概论》，第 265 页。
② 同上书，第 290 页。
③ 同上书，第 278 页。
④ 同上书，第 289 页。

律的制约;意志的活动亦相应地完全可以用因果推论来分析。质言之,科学通过因果律而为道德立法。

因果关系的普遍存在表明,人的行为既受到外部条件的制约,又可以作用于环境;前者决定了意志的自由选择不能导向"自用自专",后者意味着人可以通过自己的努力实现善的理想。在王星拱的如下概述中,上述思想得到了具体的阐发:"从因果律看来,物的情境,是我的行为之因,我的行为,又是物的情境之因;而且我们必定从各种专门科学之中,知道了天然界(包括人类社会而言)各种现象之具体的因果的关系,于是我们才能有方法进行,以达到人群进化之目的。"①在此,对因果律的把握,便被理解为善的行为及善的理想(人群进化)所以可能的根据。

可以看到,通过科学与美学、伦理学等的沟通,哲学的科学化获得了更具体的内容。作为回应科学与哲学对峙的两种方式,以科学拒斥玄学与哲学的科学化本身亦有相互交错的一面。事实上,胡适在否定传统形而上学的同时,也要求将科学运用于人生观,并肯定科学的因果律在人生领域同样普遍有效;王星拱作为马赫主义的信徒,对传统的思辨哲学亦持否定的态度。科学与哲学关系上的以上两种立场似相反而实相成:以科学的态度否定传统的玄学(形而上学),旨在建立所谓"科学"的哲学,而哲学的科学化,则是其逻辑的结果。


二　以科学消解哲学


哲学的科学化走向在另一些哲学家中以不同的方式得到了折射,其中,叶青的看法尤为值得注意。从哲学立场看,叶青与胡适、王

---

① 王星拱:《科学概论》,第 290 页。

星拱等分属不同的流派:王星拱等认同的是广义的实证主义,叶青则倾向于所谓辩证法的物质论;然而,在肯定科学的普遍涵盖并强调科学的至上性等方面,二者又颇多相近之处。当然,在科学与哲学的关系上,叶青的科学主义趋向似乎表现得更为极端:王星拱在科学的旗帜下将哲学引向科学的科学,叶青则在科学的旗帜下进一步以科学消解哲学。①

科学与哲学的区分,构成了叶青讨论哲学与科学关系的逻辑前提。他曾对科学与哲学作了不同的界说:"哲学与科学底各自的定义和互相的分别便是这样的了:哲学是在科学外用思辨得出之意识底浮词空谈;科学是在哲学外用实证的方法阐明实际之现实的知识。"②简言之,哲学是思辨的玄学,科学则是实证的知识。对科学与哲学的这种理解,与科学和玄学论战中科学主义的观点,无疑有相通之处。叶青还从方法论上,对哲学与科学的各自特点作了分析:"科学底方法偏于观察、感觉、经验的证明,哲学底方法偏于冥索、玄想、抽象的理论。"③抽象的玄想导向思辨的哲学,经验的实证则产生科学的知识。

在叶青看来,哲学与科学属于不同的知识形态,二者在形成方式

---

① 在叶青以前,邓中夏已表现出类似倾向,在他看来,"自从各种自然科学和社会科学发达之后,哲学的地位,已经被这些科学取而代之了。哲学的所谓本体论部分——形而上学,玄学鬼群众藏身之所——已被科学直接或间接的打得烟消灰灭了。现今所残留而颇能立足的方法论部分,都是披上了科学的花衣,或是受过了科学的洗礼"。不过,邓中夏更多地是从反旧玄学的角度强调这一点:"所以我的意思,哲学已是'寿终正寝',索性把哲学这一个名辞根本废除,免得玄学鬼象社鼠城狐一样,有所凭借,有所依据。"(邓中夏:《思想界的联合战线问题》,《中国青年》第15期,1924年1月)

② 叶青:《关于哲学消灭论》,《研究与批判》第2卷,第7期。

③ 叶青:《哲学到何处去》,上海:辛垦书店,1934年,第39页。

与内涵上的以上差异,决定了二者的不同存在价值:"哲学含混模糊、不明不确;科学则实证、精确。凡稍懂科学的人都知道,科学底知识非常具体,不独有事实作证据,而且可用数字表现出来,十分精细确实。把它与哲学比较起来,那哲学便因其为最一般的原理之故,而表现出广漠空洞的样子。"①根据这种理解,科学无疑具有正面的价值,哲学则似乎只呈现负面的价值。对科学与哲学的不同价值定位,构成了以科学消解哲学的理论出发点。

哲学与科学在方法与内涵上的差异,主要表现为知识结构及内在价值等方面的逻辑分析,与之相联系的是历史的考察。在历史的层面上,科学又被理解为人类认识的终极阶段:"世界底认识则是由宗教而哲学而科学。……就发展说,宗教早消灭了,哲学在消灭中,现在是科学独霸知识界的时代。"②科学时代的特点,即在于一切过程,包括社会与精神领域的活动过程,都构成了科学的对象。在叶青主持的《二十世纪》创刊号中,便可以看到如下断论:"一切社会活动,一切精神作用,无不成为科学底对象,科学底疆土。"③简言之,随着人类认识进入科学的时代,所有知识领域都成了科学的王国。

与科学独霸知识界相应,是否科学化,既是评判知识价值的主要依据,也是知识能否立足的决定性因素,宗教、道德等等,都概莫能外:"一切知识,不带科学味,就不能在智识世界中立足。于是宗教、道德、教育等社会现象,也就被研究、被组织,成为科学去了。"④在此,科学化成为所有知识形态的唯一归宿。这种看法,折射了后经学时代重建知识统一的历史趋向,而以科学化为重建这种统一的基础,亦

①　叶青:《关于哲学消灭论》,《研究与批判》第 2 卷,第 7 期。
②　叶青:《哲学到何处去·序言》,第 4 页。
③　叶青:《在创刊号底卷头》,《二十世纪》第 1 卷,第 1 期。
④　叶青:《科学与思想》,《二十世纪》第 1 卷,第 4 期。

与 20 世纪初以来的科学主义走向前后一致。

　　知识的科学化在更内在的层面上总是指向思维的科学化。由追求知识的科学化，叶青进而从思维方法的角度提出了科学化的要求："科学底正确性在今日，要求我们把思想科学化。"①所谓思想的科学化，也就是科学地思想，在同一篇文章中，叶青对此作了具体解释：

　　　　科学底普及于社会界和意识界，把全部活动领域和思维领域，都作因果法则的研究，而使一切智识科学化，使人无不科学底思想。②

从宽泛的意义上看，科学地思想可以理解为在思维过程中严格遵循逻辑规则等等，然而，在叶青那里，科学地思想主要并不是指思维合乎逻辑等，而是与运用科学的法则、以科学的原理研究对象相联系，所谓"作因果法则的研究"云云，便暗示了这一点。正是在依照因果等科学的法则上，知识的科学化与思维的科学化达到了内在的一致，而探求因果关系的实证科学方法，则被提升为一种普遍的思维方法。

　　以依照因果法则等为思维科学化的内容，也决定了这种科学化的过程更多地表现为自然科学模式的泛化。在谈到科学的评判和思维以什么为准则时，叶青所主持的《二十世纪》指出："我们的批判以什么为标准呢？一般地说是科学，特殊地说是科学中底物理学，尤其是物理学中底新物理学，物理学底新理论、新原则、新规律。"③这样，知识与思维的科学化，也就意味着物理学等自然科学研究模式的普

---

①　叶青：《科学与思想》，《二十世纪》第 1 卷，第 4 期。
②　同上。
③　叶青：《在创刊号底卷头》，《二十世纪》第 1 卷，第 1 期。

遍化。这里既表现为实证科学的形而上化(具体领域的自然科学成为一般的思维准则),又使科学的追求被等同于向实证科学的还原。

实证科学范式的普遍化过程,在叶青那里往往被理解为一个从自然到社会的进展:"科学底研究,日益进步,因而它底威力,愈加扩张;它底领域,也就推广起来。于是它遂由自然界走到社会界。"①实证科学的泛化与自然领域的科学向社会领域的科学之渗入,表现为一个连续的过程。在科学的旗帜下,研究自然的模式与研究社会的模式似乎达到了某种统一。

从思想来源看,叶青等以科学君临天下,显然受到了孔德等实证主义的影响。事实上,与叶青观点相近的如松,便对孔德的有关论点甚为推崇,他曾批评有些人"不肯承认孔德的神学、玄学、科学三阶段的分法为历史哲学和人类思想的进化法则,只作一种简单的分类看待",明确表示:"我却是要毫不迟疑地肯定它。我觉得它是人类智慧之全部发展之一大法则。"②叶青本人也完全接受了孔德的这种认识演化论,当他强调"世界的认识是由宗教而哲学而科学"时,其看法便明显地打上了孔德实证论的印记。如前所述,以科学为人类认识的终极阶段,意味着赋予科学以至上的性质,它在哲学上构成了拒斥形而上学的前提,在价值观上则隐含着科学独断论的趋向。在前文的引述中,我们已不难看到这一点。

除了实证论的影响之外,叶青对科学的看法还受到当时苏联哲学界的某些影响,其中,德波林的观点更值得注意。德波林是苏联哲学家,在20世纪二三十年代曾产生广泛的影响。尽管他的思想从30年代开始便受到了苏联哲学界的批判,但在中国却依然为叶青等人

---

① 叶青:《科学与思想》,《二十世纪》第1卷,第4期。
② 如松:《科学与玄学》,《二十世纪》第1卷,第3期。

所注重。德波林的著名著作之一是《辩证唯物主义入门》（中译本名为《辩证法唯物论入门》），其中强调："只有实证的科学能为我们的生活及文化创造精神的基础。"这种看法多少对辩证唯物论作了实证主义的理解，而叶青等对此却极为推崇。在《科学与思想》一文中，叶青便特别引证了德波林的上述论点。从其知识科学化与思维科学化的要求中，确实也可以看到某种沟通"辩证法的物质论"与实证主义的趋向。

以科学为人类思想的终极形态以及与之相联系的科学化追求，构成了理解科学与哲学关系的前提。在宗教—哲学—科学的思想演化模式中，哲学与科学似乎呈现为一种此消彼长的关系，在谈到当今思想界的特点时，叶青便明确肯定了这一点："科学长了，哲学消了。这是今日铁一般的事实。"从近代以来的历史看，科学与哲学之间的这种消长关系，具体表现为哲学逐渐从自然、社会中退出的过程："在康德以后，哲学家以认识论为哲学底主要内容。这显然是科学走进自然，哲学就退出自然，科学走进社会，哲学就退出社会。"①质言之，随着科学的扩展，哲学的领域开始不断萎缩并趋于消失。

哲学何以在科学的凯歌行进中步步后退？叶青首先从宇宙人生问题解决方式的变化这一角度作了解释：

> 凡以前所谓宇宙观、人生观之成为哲学问题、哲学任务的，都一一成为自然科学、社会科学底问题和任务去了。自然哲学、人生哲学便均归消灭。②

① 叶青：《〈费尔巴哈论纲〉研究》第八章，上海：辛垦书店，1936年。
② 叶青：《科学与思想》，《二十世纪》第 1 卷，第 4 期。

宇宙观、人生观的问题,本来主要由哲学来讨论和解决,然而,在叶青看来,随着科学的发展,这一类的问题已被纳入科学的领域。换言之,哲学的使命和任务已逐渐为科学所取代。值得注意的是,叶青在此将科学领域向哲学的扩展,同时理解为哲学的消灭。较之王星拱以科学的科学定位哲学,叶青的哲学消灭论更趋向于以科学消解哲学。

哲学之所以归于消灭,除了其以上任务逐渐为科学所取代外,还在于它的其他功能的失落。从较普遍的意义上,这里涉及的便是哲学的综合功能。哲学总是不断地对世界作终极的追问,这种追问的结果往往表现为对世界的综合的说明或总体上的解释。然而,在叶青看来,科学在其发展过程中已经开始具备综合解释的能力,而且科学的综合不同于玄学的思辨,从而,以综合为传统功能的哲学,便失去了自身的存在价值:"科学以实证的精确的研究来做综合的认识,还用哲学做甚么? 所以哲学消灭底理由是科学吸取了哲学。科学底总论就是世界之综合的说明。"①在这里,科学已取代哲学而为世界提供了总的解说。叶青的如上看法将科学的综合(具体经验领域的综合)与哲学的综合(对世界统一性原理的把握)混而为一,在逻辑上显然颇有问题,然而,这种逻辑的混淆,在他那里却成为哲学消灭的又一根据。

批判是哲学的另一功能,科学在理论及方法等方面的反省批判,曾由哲学来承担。但在叶青看来,哲学与科学的这一关系随着科学的发展也已不复存在:"批判科学的任务亦不必要哲学来担任,科学可以自己担任。从事实方面说,科学是实证的研究,凡没有证据或证据不充分的它都不承认,因此,在科学史中有很多假设、理论、法则被

---

① 叶青:《〈费尔巴哈论纲〉研究》第八章,上海:辛垦书店,1936 年。

后来的研究推翻了。所以科学由于实证的态度和实证的方法能够自己批判,并且永远自己批判。这是用不着哲学的,同时哲学在这里也无能为力。"①从理论上看,所谓科学的批判,可以是以思辨的方式,对某种科学理论作宇宙论、自然哲学等解释,也可以是对科学研究方式的合理性、理论解释的有效性和限度等方面的反思和总结,这种批判已超出了科学本身的范围;前一方面的"批判"固然已渐渐失去了存在的意义,但后一方面的批判却很难说已经过时,事实上,现代的科学哲学所从事的工作,在相当的意义上即与之相关。叶青笼而统之地以科学批判取消哲学批判,旨在进一步以科学的普遍涵盖性否定哲学存在的必要性。

以科学消解哲学,在叶青那里往往又取得了科学与哲学统一的形式。在谈到科学与哲学的统一时,叶青作了如下解释:

> 哲学与科学底统一,是哲学消解于科学之中。换一句话说,是科学吸收哲学使哲学消灭。②

从相互统一的角度来规定哲学与科学的关系,本来不失为一种合理的见解。然而,对这种统一,却可以作不同的理解。历史上,科学曾为哲学的发展提供土壤,哲学也不断地从方法论等方面为科学提供范导,这里所呈现的,是一种在历史过程中展开的动态统一。与之相对,在叶青那里,科学与哲学的互动关系却被简约为抽象的合一:二者统一的具体内涵被归结为科学吞并哲学而使之消亡。这样,叶青之肯定科学与哲学的统一,其意义似乎主要是为哲学消灭论提供一

---

① 叶青:《〈费尔巴哈论纲〉研究》第八章,上海:辛垦书店,1936 年。

② 叶青:《关于哲学消灭论》,《研究与批判》第 2 卷,第 7 期。

种合理的外观。

如前所述,叶青以辩证法的物质论为其哲学立场,通过科学与哲学的统一以消解哲学,同样也涉及辩证法的物质论。辩证法的物质论,是辩证唯物主义的另一种提法,然而,在叶青那里,辩证唯物主义同时又经过了实证论和科学主义的洗礼。他常常强调辩证法的物质论之科学性,而这种判定又以孔德所谓宗教、哲学、科学的认识演化模式为背景,从而,对科学性的理解,并没有超出实证论之域。从实证论的科学统一论出发,叶青将辩证法的物质论纳入了科学范围:"所谓辩证法或物质论的辩证法,所谓辩证法的物质论,都是哲学其名,科学其实。""因为辩证法的物质论是科学底结论,所以形态变了。那么哲学消灭底理由是辩证法的物质论底发生,它与科学统一,结束了哲学。"①这里所说的科学,与继宗教、哲学而起的认识阶段相一致,属孔德所理解的实证科学。在此,辩证法的物质论和实证主义意义上的实证科学似乎处于同一序列:作为哲学的辩证唯物论,被赋予了实证主义的内涵,它与德波林的某些看法无疑亦有相通之处。正是以辩证物质论的科学化与实证主义化为前提,叶青强调:"哲学全部都消解于实证的自然科学和社会科学之中了。消解就是消灭。"②

恩格斯曾指出:"这种历史观(指马克思的历史观——引者)结束了历史领域内的哲学,正如辩证的自然观使一切自然哲学都成为不必要的和不可能的一样。现在无论在哪一方面,都不再是要从头脑中想出联系,而是要从事实中发现这种联系了。这样,对于已经从自然界和历史中被驱逐出去的哲学来说,要是还留下什么的话,那就只留下一个纯粹思想的领域,关于思维过程本身的规律的学说,即逻辑

---

① 叶青:《〈费尔巴哈论纲〉研究》第八章,上海:辛垦书店,1936 年。
② 同上书。

和辩证法。"①叶青常常引用恩格斯的这一论述,作为其哲学消灭论的根据。事实上,恩格斯的论旨很明白,其主要意思是:随着自然科学与历史学等的发展,思辨意义上的历史哲学、自然哲学便失去了其存在的理由,换言之,他所强调的是思辨哲学的消亡,而不是哲学本身的消亡。叶青将传统的思辨哲学与哲学本身混为一谈,显然是一种理论上的误读。

通过辩证法物质论的科学化与实证化而使之消亡,可以看作是以科学消解哲学之说的进一步展开。从一般意义上的科学长、哲学消,到以科学消解辩证法唯物论,科学似乎成为观念世界的唯一主宰。这一过程在某种意义上表现为以科学代哲学。与之相联系的,是科学本身的形而上化。随着哲学消解于科学,科学开始获得了新的意义:"它完全是一种新的认识论、新的方法论","它提供了一种最后的万有","它提供了一种综合的宇宙见解","它提供了一种综合的人生观念"。② 作为以终极存在(最后的万有)为对象的宇宙论以及提供综合人生观念的人生论,科学已经成为一种新形而上学。这样,哲学的科学化与科学的哲学化相反而相成,科学的领地从史学等具体的知识领域延伸到形而上的观念世界,科学主义再次展示了其深层的理论影响。

---

① 〔德〕恩格斯:《路德维希·费尔巴哈和德国古典哲学的终结》,《马克思恩格斯选集》第四卷,北京:人民出版社,1972 年,第 253 页。

② 如松:《科学与玄学》,《二十世纪》第 1 卷,第 4 期。

# 第八章
## 科学方法：合理性的追求

科学与人生、科学与史学、科学与哲学等关系的规定和辨析，主要从生活世界及文化价值领域等方面展示了科学的普遍涵盖性和科学的无上尊严。就科学本身而言，方法往往又被赋予某种优先的地位；所谓科学的万能，首先常常被理解为科学方法的万能。胡适便表明了这一点："我们也许不轻易信仰上帝的万能了，我们却信仰科学的方法是万能的。"①这种看法在当时颇具代表性。对科学方法的推崇和考察，具体展开为关于科学研究程序、规范等的理性化界定，这种理性的运作规则和方式，同时被视为合理的知识所以可能的

---

① 胡适：《我们对于西洋近代文明的态度》，《胡适文存》三集卷一，第 7 页。

条件;它从一个更为内在的方面表现了对科学普遍有效性的信念及科学合理性的追求。

## 一　科学方法的普遍有效性

严复是最早关注科学方法的近代思想家之一。按严复之见,西方科学的昌明,主要根源于其实测内籀之学。所谓实测内籀,也就是在即物实测(观察与实验)的基础上,通过归纳(内籀)概括出一般的公例(科学定律及一般原理),最后又将公例放到实验过程中加以验证,使之成为定理。

严复特别强调归纳的作用,并将其与分析结合起来:"盖知之晰者,始于能析,能析则知其分,知其分则全无所类者,曲有所类,……而后有以行其会通,或取大同而遗其小异,常寓之德既判,而公例立矣。"①与外在的同异比较不同,分析的特点在于深入到对象的内部,把握其稳定的特性(常寓之德)。严复对西方实测内籀之学的如上阐发,基本上导源于穆勒,而其内容则涉及了近代实验科学方法的各个环节。在爬梳于故纸,求大义于微言的经学之风尚未根除的当时,面向自然、即物实测的主张无疑给人以耳目一新之感,而其严于实证的要求,对不敢越圣训之雷池的经学独断论,更是有力的冲击,它在中国近代思想界所引起的振荡,已远远超出了实证科学的范围。从方法论本身看,严复以分析为行其会通的前提,则可以看作是为科学方法合理性提供一种理论的担保。

不过,严复对科学方法的考察,乃是以实证主义为其媒介,后者在其方法论思想中亦留下了某种印记。早期实证哲学在方法论上具

---

① 〔清〕严复:《严复集》,第 1046 页。

有二重特点。首先是对近代实证科学方法的诠释和引申。孔德将培根以来注重事实的精神,视为实证哲学的基本要求,并把观察、实验、比较及历史等方法,列为自然科学与社会学的主要方法。① 穆勒进一步将实证科学方法加以系统化与具体化,创立了完整的科学归纳法。斯宾塞则把科学方法分为三类,即抽象科学的方法(逻辑与数学方法)、抽象—具体科学的方法(物理学与化学等方法),以及具体科学的方法(天文学、地质学、生物学等方法),并主张将这些方法同时引入社会学研究。② 尽管实证主义者对科学方法的规定存在种种缺陷,如孔德将逻辑学排斥在实证科学之外,穆勒则表现出归纳万能的偏向,等等,但是,注重实证科学方法,并将其纳入实证哲学之中,确实构成了实证主义的显著特征。

实证哲学的另一重要方面,即是其现象主义的原则,它首先表现为对实证科学方法适用范围的划界。在实证论看来,科学方法固然是自然科学与社会科学研究必不可少的手段,但它只适用于现象界;现象之后的本质或本体超越了人的认识能力,科学方法在那里并无用武之地。孔德对此作了如下概述:"作为我们智慧成熟标志的根本革命,主要是在于处处以单纯的规律探求、即研究被观察现象之间存在的恒定关系,来代替无法认识的本义的起因。不管是微末的或重大的效应,不管是撞击或是重力,也无论是思想或道德,我们实际上只能了解它们形成的各种相互关系,而永远不会了解它们产生的奥秘。"③依此,则科学方法之功能,即仅仅限于描述现象及现象之间的联系。穆勒进而将这种现象主义原则与联想主义心理学结合起来,

① A. Comte: *The Positive Philosophy*, London, 1853, pp.97 - 100.

② H. Spencer, *The Study of Sociology*, London, 1894, pp.23 - 30.

③ 〔法〕孔德:《论实证精神》,第 10 页。

以为现象之间的恒常联系最终基于意念的前后相继，从而把现象之间的联系还原为感觉的组合。

实证哲学与近代实验科学的历史联系与理论联系，使其现象主义的原则也带上了一层"科学"的光环，从而对推崇科学的严复具有了一种同样的吸引力。这样，从西学格致到现象主义原则的过渡，便成为逻辑的必然。后者突出地表现在严复对实测内籀之学的进一步解释之上。在严复看来，科学的公例来自归纳（内籀），而归纳的范围总是不超出"对待之域"。所谓对待之域，也就是现象界；即物实测，主要限于现象界；而公例则无非是现象之间恒常联系（"常寓之德"）的概括。经验论的进一步推论，往往是现象与感觉的重合：现象总是通过感觉而为主体所感知，离开了感觉，现象对主体来说便是没有意义的，从而，现象也就可以还原为感觉。英国的实证主义者赫胥黎曾作过如上推论，严复则重复了这一结论："心物之接，由官觉相，而所觉相，是'意'非物。"①就此而言，认识不越对待之域，也就意味着认识不越感觉，用严复的话来表述，也即是："可知者止于感觉。"②

不难看出，严复的实测内籀之学这一范畴中，既包容了近代实证科学的方法，又融入了现象主义的原则。二者的纠缠，构成了严复引入西学格致的显著特点，而这一特点又根源于实证主义本身的二重性：从斯宾塞的实证哲学中，严复既吸取了科学方法具有普遍性的观点，也接受了其认识不能超出表象的结论；从穆勒那里，严复既比较系统地了解了科学的归纳法，也输入了认识不越感觉的看法。当然，尽管孔德、穆勒、斯宾塞的实证哲学亦包含了近代科学方法的某些内容，但其注重之点，主要在于为近代科学方法规定实证主义的认识论

---

① 〔清〕严复：《严复集》，第 1377 页。
② 同上书，第 1036 页。

基础。相形之下,严复则更多地注目于科学方法本身。对他来说,重要的首先是西学格致(科学);实证论的现象主义原则之所以为他所接受,在很大程度上是因为它具有某种科学的外观。同时,严复对西方实测内籀之学的介绍阐发,乃是以近代中西哲学的会通交融为总的历史背景,西学的引入与传统的楔入,往往彼此交错,这一背景决定了严复在走向实证主义的同时,又常常逸出了实证论。

如前所述,严复认为,认识只能限于对待之域。不过,在他看来,这并不意味着不能探索现象的原因,相反,如果不求其故,则知识往往具有模糊混沌的缺陷。以因果关系为科学研究的任务,当然并非创见,英国实证论者穆勒即已把揭示因果关系列为实证科学的目标,并规定了探求因果关系的基本方法。但是,因果关系的本质究竟是什么? 在这一问题上,严复与西方的实证主义产生了重要的分歧。按穆勒的看法,自然现象中存在着齐一性,而在所有的齐一性中,前后相继的齐一性最为重要;所谓因果律,无非是现象前后相继的齐一性,而因果观念则建立在关于现象前后相继关系的联想之中。这种观点实质上对因果关系作了现象主义——心理联想主义的解释。与之相异,依严复之见,知其所以然(求故)同时也就是一个由显而入隐的过程:

> 第不知即物穷理,则由之而不知其道;不求至乎其极,则知矣而不得其通……今夫学之为言,探赜索隐,合异离同,道通为一之事也。①

探赜索隐具体表现为"由粗以入精,由显以至奥"②。亦即由外在的现

---

① 〔清〕严复:《严复集》,第 52 页。
② 同上书,第 40 页。

象(显)深入到内在的规定(奥)。也正是在同一意义上,严复认为在社会政治的研究中不能停留于"形表":"夫考政治而欲得其真,则勿荧于形表。"①总起来,从"由之而不知其道",到知其所以然之故的进展,便表现为一个从形表(外部现象)到内在之理的过程。严复的如上看法,明显地渗入了注重考察必然之理、普遍之道的传统哲学,在"即物穷理"、"道通为一"等命题中,我们便可看到这一点。不妨说,正是传统哲学的内在制约,使严复在接受实证主义原则的同时,又偏离了实证论之辙。

这种偏离,当然并非仅仅展示了哲学立场上的差异,它同时也表现了对科学方法的不同看法。在严复看来,科学方法不仅仅适用于对外在现象的考察,而且也是把握普遍之道、必然之理的手段:通过实测及归纳、分析等理性的操作程序,人们便可以由外在的现象深入到普遍之道。在这里,科学方法的合理性,似乎为达到普遍必然的知识提供了担保。如果说,西方的实证论倾向于为科学方法的作用规定一个界限,那么,严复则更多地强调了科学方法的普遍有效性;后者与技进于道的科学观念演化过程相一致,并从方法论的层面对科学的泛化提供了支持。

对科学方法作用范围的不同规定,也体现在对科学知识的理解之上。实证主义将科学法则规定为现象及现象间联系的描述,这同时也就意味着强调知识的相对性、不确定性,因为现象间的联系不管如何恒常,总是不可避免地带有相对的、不稳定的一面,而对它的描述,则往往受到主体的主观条件的制约。正是基于这一前提,实证主义强调必须把知识视为依赖于主体的"相对的东西"。在这一问题上,严复所持的是另一种看法。对严复来说,科学知识是总有其绝对

---

① 〔清〕严复:《严复集》,第 232 页。

性的一面,而这种绝对性又来自格致程序的普遍有效性:"格致之事,一公例既立,必无往而不融涣消释。"①此所谓公例,既是指普遍的科学定律或定理,又涉及科学研究的一般程序,二者皆关联着科学方法:将公例引用于具体对象,并使之得到解释,这本身也是一个运用科学方法的过程。严复强调以一般公例去解释具体对象"必无往而不融涣消释",实际上从解释的过程,肯定了科学方法的可靠性。

科学方法也就是所谓"术",一旦由术而得道,则可行彻五洲、学穷千古:"夫道无不在,苟得其术,虽近取诸身,岂有穷哉?而行彻五洲,学穷千古,亦将但见其会通而统于一而已矣。"②彻五洲隐喻了空间的无限性,穷千古则表征了时间上的绵延恒久;在此,从横向的空间到纵向的时间,科学方法指向无限时空中的一切对象,并构成了知识统一所以可能的前提。对科学方法普遍有效的这种确信,与实证主义的划界论(将科学认识限定于现象界)显然有所不同。在严复与实证主义的如上分歧背后,我们既可以看到传统哲学的投影:公例无往而不适,在逻辑上即以道的普遍涵盖性为依据,而后者正是传统哲学根深蒂固的观念;又可以看到历史的内在制约:在严复那里,西学格致乃是中国走向近代化的必由之路,这种历史意识使严复对科学方法及科学知识充满了近乎天真的信赖,并相应地疏离了实证论对科学方法和科学知识的相对主义看法。

严复由分析实测内籀的内在环节,到强调科学方法的普遍有效性,表现了对科学方法的推崇。科学方法内在环节的规定和分疏,着重从研究程序等方面突出了科学方法的合理性;科学方法普遍有效性的肯定,则已蕴含了科学方法万能的观念。对科学合理性的注重

---

① 〔清〕严复:《严复集》,第 871 页。

② 同上书,第 1095 页。

和科学方法作用的确信,与科学进化论到天演哲学的提升相辅相成,似乎从思维方式等方面预示了20世纪科学主义的某种走向。

## 二　方法论上中西会通

与严复相近,王国维对科学方法也予以了自觉的关注,从王国维的如下论述中,我们便不难看到这一点:"故今日所最亟者,在授世界最进步之学问之大略,使知研究之方法。"[①]这里既表现了一种历史紧迫感,也体现了高度的理论自觉。

对当时的中国而言,应当引入什么样的方法? 王国维通过中西思维方式的比较,对此作了考察:"我国人之特质,实际的也,通俗的也;西洋人之特质,思辨的也,科学的也,长于抽象而精于分类。"[②]这里所说的思辨,主要不是指形而上学的哲学思辨,而是与形式逻辑的思维方式相联系,因此,中西思维方式上的如上差异,具体便表现为名学(逻辑)发展程度的不同:

> 夫战国议论之盛不下于印度六哲学派及希腊诡辩学派之时代,然在印度则足目出而从数论、声论之辩论中抽象之而作因明学,陈那继之,其学遂定;希腊则有雅里大德勒自哀利亚派诡辩学派之辩论中抽象之而作名学;而在中国,则惠施公孙龙等所谓名家者流徒骋诡辩耳,其于辩论思想之法则固彼等等所不论而亦在所不欲论者也。故我中国有辩论而无名学。[③]

① 王国维:《静庵文集续编》,《王国维遗书》第五册,第41页。
② 王国维:《静庵文集》,《王国维遗书》第五册,第97页。
③ 同上书,第97—98页。

在王国维以前，严复已开始注意到中国人忽视形式逻辑的问题，王国维的如上看法继严复之后更明确地突出了这一点。尽管断言中国无名学似乎并不十分确切，因为事实上先秦的后期墨家已经建立了一个形式逻辑的体系，但相对于西方而言，形式逻辑在中国长期没有得到应有的重视，这确实是无可讳言的。墨辩（后期墨家的逻辑学）在先秦以后几乎成为绝学，便是一个明证。就此而言，王国维认为中国人短于逻辑分析，确乎触及了中国传统思维方式的弱点。也正是有见于此，王氏特意翻译耶芳斯的《辩学》，在严复之后进一步将西方的逻辑学系统地介绍到了中国。在这方面，王国维与严复表现出同样的历史眼光。

相对于严复之注重实测内籀之学，王国维首先将关注之点指向了逻辑分析之维。除了从一般的理论层面对逻辑分析方法加以引述及阐发之外，王国维还十分注重逻辑分析方法的具体运用。正是以此为手段，王国维对传统的哲学范畴作了种种疏解与辨析。"性"是中国传统哲学中的重要范畴，然而，按王氏之见，以往的哲学家常常"超乎经验之上"以言性，故往往陷于自相矛盾，无论是性善说还是性恶说，都不能避免这一归宿："孟子曰人之性善，在求其放心而已。然使之放其心者谁欤？荀子曰人之性恶，其善者伪（人为）也。然所以能伪者何故欤？"[1]在此，王国维着重从逻辑上揭示了传统人性范畴的内在缺陷，这种逻辑的分析确实体现了一种近代哲学的特征。

"理"是中国哲学中另一重要范畴，宋明以后，理的地位进一步提升，从而在某种意义上成为理解宋明以来传统哲学的关键性范畴。王国维曾撰《释理》一文，对理的内涵作了细致的阐释。就其原始的

---

[1]　王国维：《静庵文集》，《王国维遗书》第五册，第1页。

语义而言,"所谓理者,不过谓吾心分析之作用及物之可分析者而已矣"①。展开来说,理又有广狭二重含义。广义的理即理由,它既是指事物所以存在之故,即原因,又是指逻辑推论中的论据;狭义的理即理性,亦即主体形成概念以及确定概念之间联系的思维能力。然而,在程朱理学那里,"理"却被赋予了一种形而上的意义,并具有了伦理学上的价值。② 对理的内涵的这种辨析无疑是相当细致的,它不仅考察了理的原始含义及其内涵的演变,而且将认识论意义上的理与形而上学意义上的理作了明确区分,整个界说显得具体而清晰。对传统哲学范畴的如上逻辑分析,体现了科学方法与哲学研究的统一,它既从一个侧面推进了中国哲学的近代化,也意味着科学方法向哲学之域的渗入。

从方法论的侧面看,严复基本上着重于西学的东渐,亦即西方实测内籀之学的输入。与之有所不同,王国维在引入西方近代科学方法(包括逻辑方法)的同时,又以其独具的眼光,注意到了西学与中学的沟通问题。在他看来,学问之事本无中西,因为科学追求的是真理,而真理并不因中西而异。质言之,中学与西学并非彼此排斥,而是相互统一的:

居今日之世,讲今日之学,未有西学不兴而中学能兴者,亦未有中学不兴而西学能兴者。③

中西二学,盛则俱盛,衰则俱衰,风气既开,互相推动。④

---

① 王国维:《静庵文集》,《王国维遗书》第五册,第12页。
② 同上书,第13—24页。
③ 王国维:《国学丛刊序》,《观堂别集》卷四。
④ 同上。

这里不仅体现了一种开放的学术心态,而且敏锐地折射了近代中西文化(包括哲学)融会的历史趋势。拒斥西方的学术与思想,固然将阻碍中国传统思想、学术的近代化;但如果完全无视传统文化,则西学也将因缺乏必要的结合点而难以立足,换言之,外来思想"即令一时输入,非与我中国固有之思想相化,决不能保其势力"。① 正是基于如上的历史自觉,王国维并不限于对西方近代科学方法的介绍和运用,而是力图进一步找到它与传统的结合点。

如前所述,王国维曾有过可爱者(形上学)不可信,可信者(实证论)不可爱的思想冲突。在转向可信的实证论之后,其主要的注意力便开始放在史学研究之上。从戏曲史到殷周历史,从甲骨文、金文到汉晋竹简和封泥,等等,王国维都作过系统的研究。就总体而言,这种研究主要与史实的辨正考订相联系,它在某种意义上可以看作是乾嘉学派工作的继续。前文已提到,乾嘉学派发轫于清初,极盛于乾嘉二朝,在音韵、训诂、校勘、辨伪等方面曾取得了空前的成就,对古代文献的整理作出了难以抹煞的贡献。在治学方法上,乾嘉学派揭橥实事求是的原则,主张从证据出发,博考精思,无证不信。这种方法体现了一种实证的精神,它在本质上与近代实证科学方法彼此一致。王国维已注意到这一点:"夫学问之品类不同,而其方法则一","乾嘉诸老,广之以治经史之学"。② 正是基于如上的事实,王国维在从事甲骨文、金文等实证研究的同时,又从理论上对西方近代科学方法与乾嘉学派的传统方法作了多重沟通,并以此作为中西二学融合的具体结合点。

在王国维以前,严复曾对西方的科学方法作了比较系统的介绍。

① 王国维:《静庵文集》,《王国维遗书》第五册,第96页。
② 王国维:《沈乙庵先生七十寿序》,《王国维遗书》第四册,第27页。

不过,如前所述,严复在总体上主要注重于引入西学,对传统方法则不仅有所忽视,而且多少表现出贬抑的趋向,如他曾把乾嘉考据学(清代考据学)与宋明的性理之学相提并论,以为二者皆"无用"、"无实",从而一概加以否定。这种笼统的贬弃,使严复对西方科学方法的介绍和引入带有某种游离于中国传统的特点。章太炎已注意到了严复的如上局限,曾批评严复在介绍西学时"与此土(中国——引者)历史惯习固有隔阂"①。与严复不同,章太炎更多地注重于对传统方法(包括乾嘉学者的治学方法)的发挥。不过,章氏由此又表现出另一偏向,即低估西方近代文化(包括实证科学方法)。按章太炎之见,中国在医学、音乐、工艺等方面都远胜于"远西",因而不必"仪刑"(效法)西方,在学术上,中国的历史学也超过他国。正是基于这些看法,章氏反对运用地下考古实物以证史。相形之下,王国维开始将引入西学与反省传统统一起来,并由此在科学方法上对近代西学与传统中学作了会通,从而扬弃了严、章之弊。正是通过如上的结合与沟通,王国维在史学研究中取得了世所公认的成就。郭沫若曾说:"他(王国维——引者)的甲骨文字研究,殷周金文的研究,汉晋竹简和封泥等的研究是划时代的工作。"②这确系中肯的评价。

与注重逻辑分析相联系,王国维反对停留于混沌的经验。在他看来,经验总是有限的:"经验之为物,固非有普遍及必然之确定性者也,天下大矣,人类众矣,其为吾人所经验者,不过亿兆之一耳。"③正

① 章太炎:《菿汉微言》,《章太炎全集》,上海:上海人民出版社,2015 年,第48 页。

② 郭沫若:《历史人物·鲁迅与王国维》,北京:人民文学出版社,1979 年,第 212 页。

③ 王国维:《书叔本华遗传说后》,《静庵文集》,《王国维遗书》第五册,第81 页。

由于经验缺乏普遍必然性,因而单凭经验归纳而不运用抽象思维,便难以使对象真正进入认识之域。反之,如果仅仅强调抽象推绎,同样也容易偏离事实:"夫抽象之过,往往泥于名而远于实,此欧洲中世学术之一大弊,而今世之学者,犹或不免焉。"①这里的抽象之过,主要是指脱离实际对象的思辨推绎。如果说,对执着于经验归纳的批评,多少涉及传统哲学忽视形式逻辑的偏向,那么,否定抽象之过,则意味着反对将演绎逻辑绝对化。正是基于如上看法,王国维对科学的治学方法作了如下概括:"夫天下之事物,非由全不足于知曲,非致曲不足于知全。"②此所谓全,大致相当于普遍与一般,曲则对应于特殊与个别。从方法论的内在环节看,由全而知曲,致曲而知全,既指分析与综合的统一,又指归纳与演绎的结合;而从中学与西学的会通看,其中又蕴含着西方近代逻辑方法与乾嘉学派会通其例与一以贯之的方法论思想的沟通。

历史地看,近代形态的科学方法主要是从西方引入的,作为一种外来的观念系统,它不仅需要在内在环节上确证自身的合理性,而且面临着在另一种文化背景中如何被接受的问题,后者便涉及西方的方法论思想与传统观念之间的沟通问题。王国维以其开放的学术心态,比较自觉地注意到了上述问题;而他的二重证据法,他对乾嘉学派治学方法与近代科学方法相通性的肯定,则既可以看作是传统方法的近代转换,又可以视为从不同的方面为近代科学方法寻找传统的根据。如果说,对科学方法相关程序、环节的规定和阐释更多地从内在的方面体现了理性化的追求,那么,近代科学方法与传统方法的沟通,则力图从广义的文化背景上,赋予近代的科学方法以某种合法性。

①　王国维:《论新学语之输入》,《静庵文集》,《王国维遗书》第五册,第98页。
②　王国维:《国学丛刊序》,《观堂别集》卷四。

当然,在王国维那里,除了近代科学方法之外,他所推崇的实证论还具有另一重要意义。实证论作为一种哲学思潮,固然一开始便与近代的实证科学(包括实证科学方法)有着历史与理论上的联系,但在对科学的本质及科学方法基础的理解上,却又深深地浸染着经验论及现象主义的原则,后者同样也影响着王国维:在实证论的形式下,王国维既引入了西方的科学方法,并将其与传统方法作了种种沟通,同时又在某种程度上对其作了经验论与现象主义的理解。

实证论的现象主义倾向首先表现为反形而上学的立场,王国维在接受实证论时,同样表现出类似的倾向。他曾对超验的存在提出了质疑:

> 古今东西之哲学往往以"有"为有一种之实在性。在我中国则谓之曰太极、曰玄、曰道,在西洋则谓之曰神,及传衍愈久,遂以为一自证之事实而若无待根究者。此正柏庚(培根)所谓"种落之偶像",汗德(康德)所谓"先天之幻影",人而不求真理则已,人而唯真理之是求,则此等谬误不可不深察而明辨之也。[1]

与批评中西传统哲学中的超验倾向相应,王氏对理的形而上学也提出了责难:"要之,以理为有形而上学之意义者,与《周易》及毕达哥拉斯派以数为有形而上学之意义同,自今日视之,不过一幻影而已矣。"[2]这种责难无疑包含着对传统思辨哲学的否定,因而在理论上并非毫无意义。但是,由批评形而上学,王国维又把理完全划归主观之

---

[1] 王国维:《静庵文集》,《王国维遗书》第五册,第20页。
[2] 同上书,第19页。

域："理者，主观上之物也。"①依此，则经验现象之外的客观规律与本质便似乎难以落实。可以看到，王氏在扬弃形而上学的同时，又对作为对象真实规定的规律与本质表现出某种怀疑论的态度。

从拒斥超验之道和理的立场出发，王国维在史学研究中所注重的，主要便是事实的考订，如由甲骨卜辞与《史记》等文献之参互比较，证明卜辞中的王亥即《史记·殷本纪》中的"振"，并由此进而考证出殷代先王的世系；由殷周出土古文的考证，否定了"史籀"为人名的传统说法；通过金文及先秦文献的比较研究，推断鬼方、昆夷等族即匈奴，等等。这些考证诚然具有相当高的学术价值，但从史学研究的角度看，它基本上没有超出历史的表层。换言之，它在本质上属于广义的现象领域。按王国维之见，这种现象领域中的事实考证，即构成了科学的主要内容，因为科学的首要目标即在于"记述事物"并"尽其真"。② 不难看出，对史学研究与科学的如上理解，内在地带有某种现象主义的印记。

诚然，王国维于事实考订之外，也要求在科学研究（包括史学研究）中"明其因果"。然而，这并不意味着他已离开了实证论的立场，此处之关键在于对因果关系的理解。与现代西方的实证主义相近，在这一问题上，王国维基本上接受了休谟和康德的看法：

> 休蒙（即休谟——引者）谓因果之关系，吾人不能直观之，又不能证明之者也。凡吾人之五官所得直观者，乃时间上之关系，即一事物之续他事物而起之事实是也。吾人解此连续之事物为因果之关系，此但存于吾人之思索中，而不存于事物。……（康德）

① 王国维：《静庵文集》，《王国维遗书》第五册，第18页。
② 王国维：《国学丛刊序》，《观堂别集》卷四。

视此律为主观的而非客观的,实与休蒙同也。①

休谟、康德的如上因果论,王国维称之为"不可动之定论"②。依据这种理解,则所谓"明其因果"不外是对现象(事物)相继关系的主观安排和整理,而并不表现为对事物内在联系的揭示。这种观点可以看作是强调"理"为主观之物的逻辑引申,它既渗入了康德哲学的因素,又在总体上明显地表现出实证主义的倾向。王国维方法论思想中的实证论印记,折射了近代科学主义与实证主义之间的交融。

较之严复着重于对科学方法内在合理性的肯定和阐释,王国维一方面通过传统方法与近代科学方法的沟通,从外在的文化背景上确认近代科学方法的合法性,从而为科学方法的广泛接受提供某种历史的依据;另一面又由史学研究的具体实践,确证了近代科学方法的普遍价值,而他把近代科学方法的引入视为"今日之最亟者",则同样表现了对科学方法的极度推重。

## 三 科学方法的合法性:历史的确证

五四时期,随着科学思潮的涌动,科学方法也受到了越来越多的关注。科学的信奉者几乎都将科学方法视为科学的核心,而科学的万能则常常被归结为科学方法的万能。在众多的科学方法布道者中,胡适尤为引人注目。与胡适的名字联系在一起的"大胆假设,小心求证",曾被视为科学方法的金科玉律,并整整影响了数代人。如

---

① 王国维:《静庵文集》,《王国维遗书》第五册,第18—19页。
② 同上书,第18页。

前所述,古史辨的主将顾颉刚便承认:他之从事古史辨伪,在很大程度上即是由于"亲从适之受学,了解他的研究方法"。① 在科学方法的旗帜下,胡适既引进了西方近代的实证科学方法,又注入了实证主义(包括实用主义)的原则,而二者又往往与传统的方法论,特别是清代朴学的治学方法相互交错。

继王国维之后,胡适对近代科学方法与传统治学方法作了进一步的沟通,而这种沟通又以总结和整理传统方法(主要是清代朴学的治学方法)为前提。胡适一再强调,"中国旧有的学术,只有清代的'朴学'确有'科学'的精神"②,并认为近代西方科学的方法,与清代学者的方法本质上完全一致:

> 顾炎武、阎若璩的方法,同葛利略(Galileo)、牛敦(Newton)的方法是一样的,他们都把他们的学说建筑在证据之上。戴震、钱大昕的方法,同达尔文(Darwin)、拍斯德(Pasteur)的方法,也是一样的,他们都能大胆地假设,小心地求证。③

这种沟通,一方面通过肯定科学方法的传统根据,为近代科学方法的合法性作了确证;另一方面则从历史的角度,强调了科学方法的普遍涵盖性:一切有效的治学手段,都尽在科学方法的囊中,无论近代,抑或过去,都不能越出科学方法的恢恢天网。在胡适关于科学方法的种种论述中,都潜含着以上二重意蕴。

在方法论上,胡适首先提出了存疑的原则,主张"以怀疑的态度

---

① 顾颉刚:《自序》,《古史辨》第一册,第 80 页。
② 胡适:《清代学者的治学方法》,《胡适文存》卷二,第 285 页。
③ 胡适:《治学的方法与材料》,《胡适文存》三集卷二,第 93 页。

研究一切；实事求是，不作调人"。① 作为一种方法论的原则，怀疑态度的基本要求便是对一切既成的原理、观念、信仰等重新加以批判的审视和考察，以确定其真伪："怀疑的态度，便是不肯糊涂信仰，凡事须要经我自己的心意诠订一遍。""经过一番诠订批评，信仰方才是真正可靠的信仰。"②这种看法在拒斥独断论的同时，把经验事实与独立思考提到了突出的地位：所谓实事求是，首先便是指以经验事实为确定真伪的依据。

胡适的如上方法论思想与近代的实证论思潮有着明显的理论联系。实证论以拒斥形而上学为基本的原则，这一原则在方法论上的引申，便表现为以存疑的态度对待传统的独断教条。孔德对绝对知识的质疑，杜威以疑问为探索的起点，等等，都从不同方面展示了这一趋向，而在赫胥黎那里，存疑的方法则被提到了更为突出的地位。赫胥黎既是生物学家又是哲学家，其思想倾向与西方的实证论思潮大体一致。在哲学史上，赫胥黎第一次使用了"不可知论"（Agnosticism）这一概念；赫氏所谓不可知，首先与神学相对。宗教神学认为借助神的启示，人们可以达到宇宙的终极真理，赫胥黎则以不可知论否定了这种神学信念。③ 不可知论的另一锋芒所向，则是超验的本体，在赫氏看来，关于无法认识的东西及其他本体，其是否存在我都不知道，哲学上的"物质"、"精神"便是这样一种不可知的存在。④ 毋庸讳言，这里深深地浸染了现象主义观念，其中所体现的基本上是一种实证主

<hr />

① 胡适：《中国思想史纲要》，《胡适选集·历史分册》，台北：文星书店，1966年，第121页。

② 胡适：《王充的哲学》，《胡适选集·述学分册》，台北：文星书店，1966年，第164—165页。

③ T. H. Huxley, *Collected Essays*, New York, 1968, vol.5, p.239.

④ *Ibid.*, vol.1, p.160.

义的立场。但值得注意的是,赫胥黎并不仅仅将不可知论规定为一种与超验哲学相对的理论教条,而是特别赋予它以方法论的意义:

　　　事实上,不可知不是一种教条,而是一种方法。①

作为一种方法,其侧重之点在于普遍的怀疑趋向。事实上,赫胥黎对神学的终极真理及不可知的哲学本体的批评,都首先表现了一种怀疑的态度,正是这种方法论上的怀疑趋向,对胡适产生了深刻的影响。胡适曾说:"我的思想受两个人的影响最大:一个是赫胥黎,一个是杜威先生。赫胥黎教我怎样怀疑,教我不信任一切没有充分证据的东西。"②胡适在方法论上倡导以怀疑的态度研究一切,确实也在某种意义上导源于赫胥黎的存疑原则。

　　不过,作为现象主义的展开,实证主义的存疑原则一开始便带有感觉论的印记,其基本的根据即是人的认识无法超越感觉之域。所谓存疑,主要是指向现象—经验界之外的对象,当赫胥黎以不可知论为存疑态度的形式,并以此拒斥超验真理与超验本体时,便十分典型地表现了这一特点。相形之下,胡适的思路则有所不同,在这方面,他似乎较多地受到近代科学方法中求真意识的影响,并以此进而反观清代朴学的治学方法。如前文所论及的,清儒在方法论上强调无证不信,其基本精神即是阙疑。从内容上看,它大致包括两个方面:其一,"不以人蔽己",即反对盲目接受外部意见以妨碍对事物的正确认识,其具体要求表现为以存疑的态度对待一切已有的成说。这种方法普遍地运用于辨伪、校勘、训诂等领域。梁启超称清儒"善怀疑,

---

① T. H. Huxley, *Collected Essays*, New York, 1968, vol.5, p.246.

② 胡适:《介绍我自己的思想》,《胡适论学近著》上卷,第630页。

善寻问,不肯妄徇古人之成说"①,这一评价确实反映了清儒的治学特点。其二,"不以己自蔽",即反对专己独断,唯我为是。乾嘉学者顾广圻曾对凭主观意见擅改古书提出批评:"凡遇其所未通,必更张以从我,时时有失,遂成疮。"②在清儒看来,怀疑旧说,提出新意,必须以事实的考证为据。对强物从我的否定,内在地包含着超越一己之域的要求。

从求真的观念出发,胡适对清代朴学的如上方法论思想颇为赞赏,他曾一再肯定清儒的存疑态度是"道地的科学精神,也正是道地的科学方法"③。就某些方面言,朴学的存疑态度与赫胥黎的怀疑方法无疑有相通之处。然而,二者在内涵上又存在明显差异:如果说,朴学的不以人蔽己与赫胥黎反对盲目信仰的趋向大体一致,那么,其不以己自蔽的要求则意味着超越一己之感觉,由自我的经验面向外在的事实。胡适多少已注意到了这一点,在引入实证论(赫胥黎)的怀疑方法之时,胡适也肯定了清代朴学反对专己自蔽、强物从我的观念,把注重证据视为怀疑方法的核心,并以这种理解对赫胥黎的存疑主义作了新的诠释:

> 严格地不信任一切没有充分证据的东西——就是赫胥黎叫做存疑主义的。④

不难看出,在对怀疑方法的如上界定中,侧重之点已由现象主义的原

---

① 梁启超:《论中国学术思想变迁之大势》,上海:上海古籍出版社,2006年,第113页。

② 顾广圻:《礼记考异跋》,《思适斋集》卷十四。

③ 胡适:《崔述年谱》,《胡适选集·年谱分册》,第40页。

④ 胡适:《五十年来之世界哲学》,《胡适文集》二集卷二,第252页。

则(认识无法超越经验—现象之域)转向了无证不信(以事实为立论依据);存疑的方法与朴学治学原则的如上融合,其意味与赫胥黎的实证论主张已颇有不同。

当然,清代朴学作为传统学术思潮具有双重性质,一方面,其研究范围包括语言文字、天文、历算、金石等,这些学科本身具有科学的属性,正是在对这些具体学科的研究中,清代朴学提出了无证不信的原则;另一方面,朴学又具有经学的性质,其考证以群经为中心,天文、历算等只是经学的附庸,后者使清儒很难摆脱尊经的传统。在清儒看来,五经本身便可视为判断是非的标准:"六艺者,群书之标准,五经者,众说之指归。"①这种经学的眼界,使清儒未能一以贯之地坚持"不以人蔽己"。从以五经为指归的前提出发,清儒强调对经义只能信,不准疑:"治经断不敢驳经"。②它表明,清儒作为经学家,并未越出经学独断论的思维框架。

作为近代科学方法的信奉者,胡适确认了朴学无证不信的原则,但对其奉五经为圭臬的趋向却不以为然。他一再批评朴学"过于尊经",并明确申言:"尊经一点,我终究以为疑。"③由反对尊经,胡适进而将存疑的方法与批判的态度联系起来:"科学只要求一切信仰须要禁得起理智评判。"④所谓评判,也就是"重新估定一切价值",它具体表现为以存疑的态度对传统的思想制度作理性的审察。例如,对于相传下来的制度风俗,要问:"这种制度现在还有存在的价值吗?"对于古代遗留下来的圣贤教训,要问:"这句话今日还是不错吗?"重新评定一切价值,本是尼采在19世纪末提出的口号,正如赫胥黎的存疑

---

① 凌廷堪:《七戒》,《校礼堂文集》卷八,北京:中华书局,1998年,第64页。
② 〔清〕王鸣盛:《十七史商榷·序》,上海:商务印书馆,1959年,第1页。
③ 胡适:《胡适论学近著》上卷,上海:商务印书馆,1935年,第250页。
④ 胡适:《我们对于西洋近代文明的态度》,《胡适文存》三集卷一,第6页。

主义主要从认识论上拒斥了独断的神学信条一样,尼采的这一主张着重从价值观上对传统价值系的合理性提出了质疑,胡适将二者合而为一,不仅克服了朴学所内含的尊经与阙疑的矛盾,而且相应地扬弃了传统的经学独断论。

然而,由批评清儒不敢疑经,强调以存疑的态度评判一切,胡适似乎又走向了另一极端。从如下的议论中,我们不难窥见此点:"疑古的态度,简要言之,就是'宁可疑而错,不可信而错'十个字。""就是疑错了,亦没有什么要紧。"①在此,怀疑的原则多少被赋予一种抽象的性质,从而开始游离事实的根基,这种凡疑皆好的主张,实质上将存疑理解为一种主观的态度,它在某种意义上可以视为实证主义强化主体经验的片面引申。从无证不信到以疑为是,胡适终于又未能避免落入实证论的归宿。

作为胡适在方法论上的重要来源之一,实证主义一开始便与进化的观念结下了不解之缘。如前所述,孔德将人类精神的发展概括为三个阶段,即所谓神学阶段(虚构阶段)、形而上学阶段(抽象阶段)、科学阶段(实证阶段),三者呈现为一种依次递进的关系,这里已内在地蕴含着一种进化的观念。斯宾塞更明确地将进化视为一种普遍的现象,以为从生物界到社会领域,从物质到精神都呈现为一种进化过程,而哲学的任务便在于揭示这种普遍的进化规律。当然,在孔德与斯宾塞那里,进化的观念还缺乏实证科学的依据,因而多少带有思辨的形式。当达尔文的生物进化论横空出世后,进化的观念便得到了进一步的强化。赫胥黎即是进化论的坚定信奉者,他与神学的论战,意义之一便在于捍卫进化论,而《进化论与伦理学》一书,更是以发挥进化论思想为主要内容。对进化论的注重,同样体现在第二

---

① 胡适:《研究国故的方法》,《东方杂志》第 18 卷,第 16 号,1921 年 8 月。

代实证论上，从杜威的实用主义哲学中，便不难看到这一点；作为实证论的变种，杜威的实用主义与生物学（包括生物进化论）有着密切的关联。从理论上看，实证主义之倾向进化论，乃是其拒斥独断论的基本立场的逻辑引申。与形而上学的独断论追求一种凝固的本体世界相对，进化论以变动的过程打破了永恒的状态，从而为反形而上学的实证论原则提供了某种根据。

实证主义与进化论的亲缘关系，在胡适那里亦得到了折射。事实上，早在少年时代，胡适便已受天演论（进化论）的洗礼，胡适之名（适）、字（适之）即取自天演论；实用主义的熏陶，又进一步强化了其对进化论的信奉。不过，与实证论（包括实用主义）较多地将进化论与反形而上学联系起来有所不同，胡适更侧重进化论的方法论意义："进化观念在哲学上应用的结果，便发生了一种'历史的态度'（The Genetic Method）。"①所谓历史的态度，也就是历史主义的方法。

胡适在将进化论引向历史的方法之后，又以此作为总结、概括传统方法的前提，并对清代朴学作了相应的阐释。他注意到了清儒在治学过程中具有"历史的眼光"，并肯定以历史眼光从事的考证是一种"客观的研究"。而胡适本人的整理国故，也试图将二者结合起来。在对国学方法作规定时，胡适曾指出："国学的方法是要用历史的眼光来整理一切过去文化的历史。"②前文已提及，注重历史考察是清儒治学的重要特点。乾嘉学者卢文弨曾对朴学的历史方法作了言简意赅的概括："学固有自源而达流者，亦有自流以溯源者。"③所谓"自流以溯源"，是指通过历史的回溯，把握对象的原始状况，然后将对象的

---

① 胡适：《实验主义》，《胡适文存》卷二，第216页。
② 胡适：《〈国学季刊〉发刊宣言》，《胡适文存》二集卷二，第10页。
③ 〔清〕卢文弨：《答朱秀才理齐书》，《抱经堂文集》卷十九。

原貌与现状加以比较,以弄清事实的真相;"自源而达流",则要求在把握对象的最初状况之后,进一步考察它在各个演变阶段的不同特点,以辨古今之异。胡适对朴学方法的评析,多少有见于传统的治学方法的以上特点。

不过,作为历史考据学,朴学注重"求于实",亦即分别地考订具体事实,而不是把材料联系起来,作总体上的研究,这就决定了其自源达流主要着重于明古今之异,即把握对象前后变迁的不同特点,而未能将揭示各个演变阶段之间的规律性联系放在突出地位。清代史学家章学诚已尖锐地指出了这一点,以为乾嘉学者仅仅停留于史实的证核,而未能进一步"推明大道"。章学诚在史学上属于浙东学派,后者导源于清初的黄宗羲,其特点在于注重明道(把握历史过程的内在联系),如黄宗羲在《明儒学案》中便已提出了揭示"数百年之学脉"的要求。这一思想在章学诚那里得到了进一步的发挥。章氏以为,六经皆器,器即典章事实,而道便内在于器之中,由此,章氏主张"即器明道",即从古代文献所记载的历史事实中,推明其道,这些看法,对朴学无疑具有纠偏的意义。

胡适在吸取朴学溯源达流之方法论思想的同时,又肯定章学诚"即器明道"的观点"自是一种卓识",①并进而将浙东史学推明大道的历史主义方法与进化论结合起来,以后者为历史方法的根据,从而超越了朴学的眼界。这里似乎是一个具有二重意义的过程:一方面,出入朴学这一治学背景,使胡适比较具体地把握了清代学者的治学特点;另一方面,将溯源达流与推明大道建立在进化论的基础之上,又使传统的历史方法得到了深化。这种深化主要表现在如下两个方面:

--------

① 胡适:《章实斋先生年谱》,上海:商务印书馆,1931 年,第 69 页。

其一,将明变的观点纳入历史方法之中。胡适认为,进化论必须研究"天地万物变迁"的历史,这种观念运用于历史研究,就表现为明变。所谓明变,旨在"使学者知道古今思想沿革变迁的线索",亦即把握对象的历史联系。① 较之朴学仅仅停留于辨古今之异,这种要求显然体现了更开阔的视野。其二,由明变而求因。进化论不仅要求明万物的历史变迁,而且要揭示"天地万物变化的原因",后者在历史考察中具体表现为揭示前因后果:"凡对于每一种事物制度,总想寻出它的前因与后果,不把它当作来无踪去无影的孤立东西,这种态度就是历史的态度。"②如果说,明变主要是把握对象的前后线索,那么,求因则要求进一步探明这种线索中所包含的因果联系,由明变而求因,也就是由知其然到知其所以然。爱因斯坦认为:近代科学研究的特点之一,就是"鼓励人们根据因果关系来思考和观察事物"。③ 从这一意义上说,把求因引入历史考察之中,也就意味着将历史主义观点与近代科学方法沟通起来,从而使传统的历史方法多少获得了近代的形态。

然而,作为实用主义者,胡适对进化论及因果关系的理解仍深深地受到了实证论的制约,后者同时体现于其历史方法之上。按照胡适的看法,实验主义(即实用主义——引者)只承认那一点一滴的进步,④"进化不是一晚上笼统进化的,是一点一滴进化的"⑤。基于这一论点,胡适把历史的线索主要视为外在的、偶然的关联,而对事物

① 胡适:《中国哲学史大纲》卷上,上海:商务印书馆,1938 年,第 3 页。

② 胡适:《问题与主义》,《胡适文存》卷二,第 276 页。

③ 爱因斯坦:《关于科学的真理》,《爱因斯坦文集》第 1 卷,北京:商务印书馆,1976 年,第 244 页。

④ 胡适:《介绍我自己的思想》,《胡适文存》四集卷五,第 453 页。

⑤ 同上。

本质联系的把握,则相应地被摒斥在历史考察之外。在这方面,胡适并没有离开实证主义的立场。

这种实证论的立场更明显地表现在胡适的因果论上。孔德曾把事物的规律性联系归结为现象之间的"先后关系和相应关系",并由此拒绝对事物内在原因的探求。与之相承,胡适也将因与果还原为一种前后的相继关系,以事物的前一头为因,后一头为果,而明变求因则无非是抓住这前后两头。① 和西方的实证主义一样,胡适对因果关系的这种理解,基本上没有超出休谟主义的视域。

从如上的因果观出发,胡适进而否定了最后之因。他说:"治历史的人,应该向这种传记材料去寻求那多元的、个别的因素,而不应该走偷懒的路,妄想用一个最后之因来解释一切历史事实。无论你抬出来的最后之因是'神',是'性',是'心灵',或是'生产方式',都可以解释一切历史。但是,正因为个个'最后之因'都可以解释一切历史,所以都不能解释历史了!"②对象产生或变化的原因确实往往是多重而非单一的,如果仅仅以某种一般模式去解释各种具体对象,那就难免或者陷入形而上的思辨,或者导向机械论或还原论。然而,事物的发展固然受多重因素的制约,但这些因素并非彼此并立,其间往往存在着支配与被支配、主导与非主导等分别。一般而论,对象的性质及演进方向,总是由占主导地位的根本原因所规定。胡适否定最后之因,固然有反对思辨哲学的一面,但同时亦意味着以多元的、个别因素的罗列排斥对事物根本原因的探求,后者的逻辑结果则是停留于现象的描述,它既难以对事物作出如实的解释,亦无法正确地预

① 胡适:《杜威先生与中国》,《胡适文存》卷二,第 277—278 页。
② 胡适:《中国新文学大系·建设理论集导言》,上海:上海文艺出版社,2003 年,第 17 页。

测其发展方向。可以看出,在实证论的制约下,胡适明变求因的历史方法始终未能突破现象主义的界限。

存疑的态度与明变求因从不同的方面对科学方法作了规定,由此进一步形成的问题是:从总体上看,科学研究过程究竟包含哪些环节? 对此,胡适作了如下概括:"科学方法只不过是大胆地假设,小心地求证。"①从某种意义上说,正是这一经典式的表述,构成了胡适方法论思想的核心,而胡适在现代思想史上的影响,也往往更多地与之相联系。

胡适对科学方法的如上概括,有其实用主义的渊源。杜威曾将思维过程规定为五步:1. 疑问的产生;2. 确定疑问之所在;3. 提出解决疑问的假设;4. 推绎出假设所包含的结果;5.通过验证以接受或抛弃这种假设。② 这一思维过程论既是其探索理论的具体化,又具有方法论的意义。胡适在《实验主义》一文中,便着重从方法论的角度对此作了详尽的介绍和阐释,而其大胆假设、小心求证的研究程序,在某种意义上亦可视为五步法的一种简化形式。

不过,作为实用主义者,杜威对怎样求真并不感兴趣,他的着重之点在于如何达到善的结果,与这一基本趋向相应,杜威的五步,并不表现为一种认知的方法,其功能主要在于摆脱困境(从疑难走向确定)。胡适尽管也把疑难的解决提到突出的地位,但他所说的大胆假设,并不仅仅以主体对确定性的追求为内容,在这方面,他的看法似乎更倾向于近代科学方法中的认知之维,而后者同时又成为他反观清代朴学的理论出发点。清儒在治学中注重创新,戴震曾将这一原

① 胡适:《治学的方法与材料》,《胡适文存》三集卷二,第93页。
② J. Dewey, *How We Think*, D. C. Heath, 1910, pp.72－78.

则概括为"但宜推求,勿为株守"①。株守是拘泥成说,推求则是通过创造性的思考,提出新的见解,这种见解最初未必以定论的形式出现,而往往带有尝试的性质,其形式接近于假设。不过,在清儒那里,由推求而提出创见,并不仅仅在于解决主体的疑难境地。如前文所述,它主要在于弄清对象的真相。胡适已注意到了这一点,在他看来,清代朴学之所以成就空前,"正因为戴震以下的汉学家注释古书都有法度,都有客观的佐证,不用主观的猜测"。由此,胡适又进而对朴学的治学方法与西方近代实验方法作了沟通,肯定二者具有内在的一致性,并由此确认了朴学求是原则的科学性质。

朴学推求创新与求是相统一的治学方法在获得了科学的阐释之后,转而又对胡适本身产生了影响。事实上,当胡适以实事求是为存疑方法之内核时,已浸染了朴学的精神。这一点同样体现在胡适对假设—求证方法的理解上。前文曾提及,"大胆假设,小心求证"的方法论总则与杜威的探索方法存在理论上的渊源关系,但后者并不是胡适运用的唯一的资源。如果作更全面地考察,则不难看到,胡适对科学研究程序的如上规定,同时又有其传统的根源。如果说,杜威的探索理论使胡适强调了尝试性的假设在科学研究中的作用,那么,清代学者将创新与求是统一起来的思路,则使胡适多少注意到了假设的认知功能。胡适曾说:"假设不大胆,不能有新发明。"②这里的"发明"也就是科学的发现,其目标在于揭示对象自身的内在规定(求真),它与实用主义追求效用(善)的目标取向,意味似乎颇有不同。

胡适确认假设在科学发现中的意义,从另一方面看又意味着对发现方法的注重,在这方面,胡适的思路有别于后来的逻辑实证主

---

① 〔清〕戴震:《戴震集》,第54页。
② 胡适:《清代学者的治学方法》,《胡适文存》卷二,第298页。

义。逻辑实证主义诚然十分重视科学方法,并对此作了多方面的探讨,但他们往往又存在着一种共同的趋向,即主要把科学方法理解为一种证实的方法,至于发现过程,则常常被归入心理学之域。他们对科学研究程序的规定,也基本上限于验证过程的设计与展开。这既体现了逻辑实证主义偏重于理论的逻辑建构,而相对忽视理论的发展过程的立场,也与其对科学研究本质的看法相关。按逻辑实证主义之见,科学研究并不是一个摹写对象的过程,知识不外是对主体经验的逻辑重建,就此而言,逻辑实证主义与实用主义确实存在理论上的一致性。① 相形之下,胡适将"大胆的假设"首先理解为一种发现的方法,似乎还不像逻辑实证主义那样偏狭。尽管胡适对科学发现方法的阐释不见得有多少深度,但肯定科学方法的发现功能,对完整地理解科学方法的作用,无疑是有意义的。

科学研究的展开过程,总是涉及归纳与演绎的关系。作为经验主义的流派,实证主义往往较为注重归纳方法。在第一代实证主义那里,这一趋向表现得更为明显。穆勒便认为,传统的三段论(演绎逻辑)只是解释一般命题的方法,唯有归纳才能提供并验证一般的命题。按照这种理解,演绎并不能视为获得新知的方法。这种看法深深地影响了中国近代的哲学家,如严复便把演绎看作是一种思辨,以为它始终无法超越已知:"夫外籀之术,自是思辨范围。但若纯向思辨中讨生活,便是将古人所已得之理,如一桶水倾向这桶,倾来倾去,总是这水,何处有新智识来?"②由此,严复得出如下结论:"格致真术,

---

① 后来奎因将逻辑实证主义与实用主义糅合为一,并把知识界定为"人工构造物",亦表明了这一点。

② 〔清〕严复:《名学浅说》,北京:生活·读书·新知三联书店,1959年,第58页。

存乎内籀。"①这种观点,和穆勒的归纳主义大致一脉相承。与严复不同,胡适对穆勒轻视演绎的偏向颇有异议:"弥尔和培根都把演绎法看得太轻了,以为只有归纳法是科学方法。"②在胡适看来,归纳与演绎都是科学方法的必要环节,二者不可分离:"科学方法不单是归纳法,是演绎和归纳互相为用的,忽而归纳,忽而演绎。"③对归纳与演绎关系的如上理解,当然还存在着把二者并列起来的机械论倾向,不过,相对于归纳至上的正统实证论,它无疑又体现了一种不同的眼光。

演绎在思维行程上表现为从一般原理到特殊事实的推论,与确认演绎方法的作用相应,胡适强调在整理、研究经验材料时,必须以学理为指导:"有了学理作参考材料,便可使我们容易懂得所考察的情形,容易明白某种情形有什么意义。"④所谓以学理作参考比较,也就是运用一般理论知识对具体对象加以比较分析,以揭示其性质与特点。胡适特别指出要引入西方科学研究成果,"欧美日学术界有无数的成绩可以供我们参考比较,可以给我们开无数新法门"。⑤ 这些看法,与后来的逻辑实证主义颇有不同。逻辑实证主义将有意义的命题区分为分析命题与综合命题两类。所谓综合命题,也就是经验范围的观察陈述。为了保证观察陈述的客观性,逻辑实证主义往往要求净化一般的理论观念。尽管他们后来也承认观察中总是难免渗入理论,但这一事实往往成为怀疑认识能否真正把握原始对象的根据。相形之下,胡适似乎更多地从积极的方面考察理论背景在研究过程中的意义。

---

① 〔清〕严复:《名学浅说》,第 59 页。
② 胡适:《清代学者的治学方法》,《胡适文存》卷二,第 280 页。
③ 同上。
④ 胡适:《问题与主义》,《胡适文存》卷二,第 250 页。
⑤ 胡适:《〈国学季刊〉发刊宣言》,《胡适文存》二集卷一,第 12 页。

对科学方法的以上理解,构成了胡适评判清代朴学的治学方法的前提之一。在总结清代朴学方法时,胡适一再肯定清儒的方法是归纳与演绎并用的科学方法。① 如前文所论及的,清代朴学虽然以归纳为重,但并不偏废演绎,二者的关系表现为会通其例与一以贯之的统一。所谓会通其例,是指通过比较分析,概括出一般的义例,这种义例包括音韵理论、校勘规则等等;一以贯之则是在一般条理通则的指导下考察千差万别的对象;前者主要是从个别到一般的归纳过程,后者则是由一般到个别的演绎过程。尽管朴学很少从一般方法论的层面对归纳与演绎的过程作细致的规定,但其治学过程确实以朴素的方式体现了归纳与演绎的统一。当胡适批评穆勒轻视演绎时,其方法论立场无疑更多地倾向于清代朴学的如上观念。

注重条理分析是清儒治学的另一特点。清代学者认为,古代的文献典籍及音韵文字并不是杂乱无章的,"循而考之,各有条理"。唯有把握这种条理,才能对具体材料作出正确的分析和综合:"务要得其条理,由合而分,由分而合。"②在考据领域,所谓条理,主要是指通过会通其例而获得的普遍通则以及语言文字等理论。尽管在考据领域之外,清儒对理论思维的作用并未达到应有的认识,如他们往往将历史事件与人物的宏观分析及古代文献的思想内容之评价视为"求于虚",以为求于虚不如求于实。③ 然而,主张由明其理而分析具体对象,毕竟多少注意到了条理知识在整理材料中的作用。胡适曾敏锐地指出这一点,在他看来,清代朴学所以卓然有成,原因之一便是"以小学为之根据"④。所谓小学,亦即语言文字学理论。从逻辑上看,胡

① 胡适:《清代学者的治学方法》,《胡适文存》卷二,第 280 页。
② 〔清〕戴震:《戴震集》,第 489 页。
③ 〔清〕王鸣盛:《十七史商榷·序》,第 1 页。
④ 胡适:《胡适留学日记》卷十五。

适正是由肯定理论在研究过程中的指导作用,进而确认传统朴学方法的科学性质。

当然,胡适虽然注意到了学理的作用,但实用主义的浸染又使他对学理的看法带有某种经验论的色彩。如前所述,胡适将学理视为一种比较参考的材料,依此,则理论知识便似乎与经验材料处于同一序列,而理论与经验的并列,又往往容易导致二者的混同,从胡适的如下议论中,我们不难看到这一点:"经验的活用就是理性。"①从经验即理性的观点出发,胡适常常把一般理论、主义贬为"抽象名词",这里同样表现出明显的经验主义倾向。与如上倾向相联系,胡适对演绎方法的理解也存在相当大的片面性,他诚然注意到演绎是科学方法的一个环节,但却未能注意数学方法在假设的推导、论证中的作用,在这方面,胡适与穆勒、严复等无疑又有相近之处②。

从中国传统方法论思想的演变看,严复着重于引入西方近代的"实测内籀"之学,其中既包括西方近代的科学方法,也内含着实证论的原则。王国维对实证论亦作了双重理解,并开始注意到近代实证科学方法与朴学方法的沟通,但就总体而言,王氏更偏重于二者在历史考证中的结合。作为胡适方法论思想来源之一的西学,同样包含双重内涵,即近代实验科学的方法与实用主义的原则。不过,胡适在引入西学的同时,又力图从一般方法论的意义上将二者与清代朴学的治学原则结合起来,这种交融在科学主义思潮的演化中具有不可忽视的意义。

在近代科学方法与传统治学方法的沟通中,不仅科学方法本身

---

① 胡适:《五十年来之世界哲学》,《胡适文存》二集卷二,第 266 页。

② 在第三代实证主义(逻辑实证主义)那里,数学方法开始被提到重要地位,在这一点上,胡适对科学方法的理解显然逊色于逻辑实证论。

的内在环节得到了多方面的阐发,而且实证论的偏向也获得了某种限制;前者从肯定的方面展示了科学方法的合理之维,后者则以否定的方式,疏离了理性化过程中的负面规定。同时,西方近代的科学方法作为外来的观念,在未能找到传统的结合点时,往往会给人以异己之感,从而不容易为人所普遍认同与接受,严复的实测内籀之学在当时之所以未能产生广泛的影响,与缺乏传统的接引显然不无关系。而一方面,近代西方的"科学实验室态度"(胡适语)一旦与传统朴学方法相互接轨,便开始在新的文化环境中获得了传统的根据,并相应地具有了某种合法性,从而不再仅仅是一种异己之物。另一方面,传统方法的"科学性",又反过来印证了科学方法的历史生命力:即使近代以前,也同样未能脱离科学的王国。如果说,合理性与合法性的如上结合,进一步赋予科学方法以一种可信而又可近的内在的力量,那么,科学在前近代的存在,则似乎将历史上的文化活动也囊括于科学之中。这样,透过近代科学方法与传统方法的沟通交融,我们可以再一次看到科学版图的不断扩展与科学地位的层层提升。

## 四 科学方法合理性:哲学的辩护

科学作为一种思潮,其波澜所及,并不仅限于具有科学主义倾向的思想家;对科学方法的认同,也非仅见于胡适等科学万能的倡导者。在金岳霖等专业哲学家中,同样可以看到近代科学思潮的影响以及对这种思潮的回应。当然,较之胡适等对科学方法的普遍渲染和广泛传布,金岳霖更多地将科学方法置于哲学的领域之中,并着重从哲学的层面,对科学方法所以合理的根据作了阐发。就近代科学思潮的演化而言,这种阐发和运用以科学方法的普遍接受为其文化背景,而它本身则既是对科学思潮的回应,又似乎为科学的进一步推进提供了新的支持。

金岳霖在哲学上以新实在论为其思想来源之一,新实在论则可以归入广义的实证主义思潮。这种思想上的联系,使金岳霖对近代科学思潮及科学方法具有一种自然的认同意识。知识经验何以可能,是金岳霖关注的主要问题之一,在《知识论》中,金岳霖首先将知识经验的形成,与形式逻辑联系起来:

> 逻辑命题是摹状底摹状和规律底规律。它是摹状底摹状,因为意念不遵守它,不能摹状;它是规律底规律,因为意念不遵守它,也不能规律……它既是规律底规律,当然是意念之所必须遵守的基本条件。①

所谓摹状,也就是把所与( the given)放在一定的概念结构中,使之得以保存并进而在主体间相互传达;规律则是按照概念所规定的条件,去接受所与,并加以整治,使之获得内在的秩序。所与作为直接的呈现,最初表现为经验上的杂多,在未经概念的整理以前,并不具有知识经验的意义,唯有纳入一定的概念结构并得到整理,才能真正进入知识经验之域。而在金岳霖看来,要对所与进行摹状和规律,便离不开形式逻辑。质言之,遵守形式逻辑的规律是形成知识经验的必要条件,任何概念唯有合乎逻辑规则,才能对直接的呈现加以摹状与规律。

作为摹状与规律基本条件的思维规律,主要也就是形式逻辑的同一律、排中律以及矛盾律,这些思维规律,金岳霖称之为"思议原则"。在三条思议原则中,最基本的是同一律,因为"它是意义可能底

---

① 金岳霖:《知识论》,北京:商务印书馆,1983 年,第 409 页。

最基本的条件"。① 只有遵循同一律,概念才能获得确定的意义,否则,正常的思维活动与思维交流便无法进行。排中律是思维最基本的概念形式,它穷尽了一切可能,从而表明逻辑命题都是必然的。逻辑思维总是追求必然的命题,因而排中律便构成了逻辑思维的基本规律。三条思议原则中最后一条是矛盾律,"矛盾原则是排除原则,它排除思议中的矛盾"②。矛盾不排除,思维便不可能,概念如果有矛盾,它就不能成为接受的方式。总之,在金岳霖看来,逻辑规律尽管本身不能提供知识,但却为知识经验的形成提供了必要的担保。对形式逻辑的这种注重,显然不同于思辨哲学(例如黑格尔的思辨体系),而更接近于实证主义的传统。

逻辑固然是知识经验的必要条件,但它主要以消极的方式(不能违背形式逻辑这一意义上)为知识提供了担保。除了形式逻辑之外,对所与的摹状与规律还必须引用归纳原则:

> 我们从所与得到了意念之后,我们可以利用此意念去接受所与。在此收容与应付底历程中,无时不引用归纳原则。③

接受所与、形成知识,总是不能不运用归纳的原则,在此意义上,金岳霖将归纳原则称为接受总则,而以得自所与还治所与的过程,同时即表现为一个归纳的过程:"归纳原则是接受总则"。金岳霖举例作了解释:"母亲教小孩说'这是一张桌子',这里就有归纳;因为显而易见她所指的那东西不只是名叫桌子而已,她实在是教小孩子说这样的

---

① 金岳霖:《知识论》,第414页。
② 同上书,第416页。
③ 同上书,第458页。

东西都是桌子,使小孩子以后碰见那样的东西他也用桌子去应付它。凡照样本而分类都是利用归纳原则,所以引用意念就同时引用归纳原则。"①与形式逻辑一样,归纳在此也被理解为知识经验所以可能的条件。

作为知识经验所以可能的条件,归纳相应地亦被视为一种科学发现的方法。金岳霖对归纳功能的如上规定,与逻辑实证主义似乎有所不同。作为经验论的一个流派,逻辑实证主义诚然相当注重归纳的作用,但如前所述,就其总的倾向而言,它基本上把归纳理解为一种证明的方法,而不是发现的方法。在逻辑实证论看来,科学发现主要是一个心理学的问题,它并无规则可循,只有证明过程,才与归纳相联系,而所谓证明又往往被视为确证(Confirmation)。如卡尔纳普便将归纳的作用主要规定为提供确证度,亦即确定证据与假说之间的逻辑关系。② 逻辑实证主义对发现过程与证明过程的区分以及证明过程的分析诚然提供了一些有意义的见解,然而,把归纳排除在获得知识的过程之外,却不免忽视了归纳在科学发现中的作用。事实上,归纳固然并不是一部发现的机器,但科学发现的过程中总是包含着归纳的作用。就此而言,金岳霖肯定归纳是一个"事中求理"的过程,无疑较逻辑实证主义更为合理。

然而,归纳原则不论是作为发现方法还是证明方法,本身总是有一个是否可靠的问题。与演绎不同,归纳是一个从特殊到普遍的过程,归纳的结论总是超出了其前提,在这种情况下,如何保证归纳结论的可靠性? 这一问题归根到底涉及归纳原则是否靠得住。从休谟开始,人们便不断地对此提出疑问。金岳霖曾长期为这一问题所困

①  金岳霖:《知识论》,第 458 页。

②  参见〔美〕卡尔纳普:《科学哲学导论》,广州:中山大学出版社,1987 年。

扰,在他看来,如果归纳问题不解决,那么科学知识的根基便会发生动摇,这样,要使知识经验获得可靠的保证,便不能不对归纳原则的有效性问题加以探讨。

金岳霖认为,休谟所提出的归纳问题,首先涉及将来是否与已往相似。按照休谟的看法,归纳的前提总是关于以往的事实,而其结论则指向将来,然而,已往的真,并不能担保将来的真。例如,太阳每天从东方升起,这是我们不断经验到的事实,但这并不能担保明天太阳也一定从东方升起。简言之,将来可能推翻已往,因此,归纳原则靠不住。与休谟相对,金岳霖认为,无论将来如何,它都不会推翻已往,即使出现了反例,也并不意味着已往被推翻,因为时间不停留,从逻辑上说,当反例出现时,它已不是将来。① 当然,归纳的原则之所以不能为将来所推翻,不仅仅在于反例的如上性质。这里更重要的是将归纳原则与归纳的具体结论加以区分。按金岳霖的看法,归纳原则可以理解为"如果——则"的逻辑关系,在归纳过程中,即使出现了与某一归纳结论不一致的反例,它所推翻的也只是相关的具体结论,而不是归纳原则。事实上,从反例中推出某一结论不能成立,本身也需要运用归纳原则。归纳在某种意义上同时表现为一个推论过程,而这一过程的第一前提即是归纳原则,第二前提则是例证,只要第一前提(即归纳原则)正确,例证(观察陈述)又真,归纳推理就是有效的。就逻辑关系而言,以"如果……则……"为形式的归纳原则,本质上展开为一个蕴含命题,只要不出现前件真而后件假的情况,这一蕴含命题则必然为真。而根据上文的分析,不管是否出现反例,在归纳过程中,从前件的真中,总是可以推出后件的真,这样,归纳推论的有效性,也就相应地有了某种逻辑上的保证。

---

① 金岳霖:《论道》,北京:商务印书馆,1987 年,第 10 页。

金岳霖对归纳原则可靠性的如上论述,表现了解决休谟问题的某种尝试。尽管金氏认为纯逻辑的理由不能完全担保归纳原则,但以上的阐释却展示了相当的逻辑力量。就其从逻辑关系上对归纳原则的永真加以解说而言,自然容易使人联想起逻辑实证主义。逻辑实证主义注重归纳,而休谟问题又使归纳面临难以回避的困难。为了赋予归纳以可靠的形式,逻辑实证主义力图建立一种归纳逻辑的体系。在这方面,卡尔纳普具有相当的代表性,他曾直言不讳地说:"我们很想这样构造一个归纳逻辑体系,使得对于任意一对语句,其一断言证据 e,其二陈述假设 h,我们能够给 h 关于 e 的逻辑概率以一个数值。"①这种归纳逻辑甚至被类比为一部归纳的机器:"我相信可能存在一部具有不太过份的目标的归纳机器。给定一定的观察 e 和一个假说 h(例如预言的形式或甚至规律集合的形式),则我相信用机械的程序在许多场合下,能确定其逻辑概率或 h 在 e 的基础上的确证度。"②为了实现上述目标,卡尔纳普曾作了种种的努力,这种努力说到底,无非是试图通过归纳推论的形式化(使之成为类似演绎逻辑的体系),为归纳提供一个确定的基础。尽管金岳霖从来没有试图将归纳形式化,相反,他始终对归纳与演绎逻辑作了严格的区分,但金氏通过对归纳过程的逻辑分析以论证归纳原则的可靠性,这一解题方式无疑在某种意义上表现出与逻辑实证主义相近的思路。

然而,逻辑实证主义对归纳问题的考察,基本上没有超出逻辑的领域,除了试图构造一个类似演绎的归纳逻辑体系这种并不成功的努力之外,逻辑实证主义对休谟提出的问题似乎没有作出更多的回应。对照之下,金岳霖则表现了较为开阔的视野。在他看来,解决休

---

① 〔美〕卡尔纳普:《科学哲学导论》,第 33 页。

② 同上书,第 34 页。

谟问题,不能仅仅限于逻辑的分析,从根本上说,"休谟底问题是秩序问题"①,而真正的秩序则展开为一种普遍必然的联系。休谟从其狭隘的经验论立场出发,只承认现象的恒常会合,而否认对象之间存在普遍必然的联系,依据他的看法,所谓普遍必然性,实质上无非是现象的恒常会合:"各物象间这种'必然联系'的观念所以生起,乃是因为我们见到一些相似例证中这些事情恒常会合在一块。"②通过经验观察而得到的"恒常会合",总是涉及已往或现在,而与将来无关:它只是表示过去如此,而不能保证将来也这样。于是,建立在这种"会合"之上的归纳,也就不能不发生问题:

> 休谟既正式地没有真正的普遍,他也没有以后我们所要提出的真正的秩序。他只有跟着现在和已往的印象底秩序,既然如此,则假如将来推翻现在和已往,他辛辛苦苦所得到的秩序也就推翻。③

在此,金岳霖实际上已注意到,解决休谟问题的重要前提,即在于为归纳寻找一个客观的根据,而这种根据即是存在于对象之中的真正的秩序(普遍必然的联系)。如前所述,按金岳霖之见,事中本身包含着理,所与中也有客观的秩序,与此相应,作为归纳前提的特殊事例,并不是一种类似"这"、"那"的纯粹的特殊,它总是内含着普遍的关联,并表现为一种以普遍的方式接受了的所与。正由于 a1、b1 和 a2、b2 等特殊事例存在着真正的秩序,而真正的秩序又不同于已往现象

---

① 金岳霖:《知识论》,第 419 页。

② 〔英〕休谟:《人类理解研究》,北京:商务印书馆,1981 年,第 69 页。

③ 金岳霖:《知识论》,第 419 页。

的"会合",它总是贯通于已往与未来,因而从特殊到普遍的归纳便具有了合理的根据。换言之,只要真正揭示了特殊之中的普遍,那么,归纳推论在将来也总是有效的,从而可以不至像休谟那样,在归纳问题之前束手无策。"在承认真正的普遍之后,在承认意念不仅摹状而且规律之后,这问题的困难才慢慢地解除。"①

金岳霖的如上看法将方法论的研究与本体论的考察结合起来:客观的秩序(真正的普遍)构成了从特殊到普遍的内在基础,作为科学方法的归纳也由此获得了某种本体论的根据。解决归纳问题的这种思路,既超越了休谟的眼界,也显示了不同于逻辑实证主义的趋向。作为休谟的传人,逻辑实证主义对客体的真正秩序(普遍必然联系)同样表现出存疑的态度,卡尔纳普便曾明确肯定休谟的观点"实质上是正确的",并认为"你没有观察到必然性,就不要断定必然性"。② 这种看法决定了逻辑实证主义虽然力图解决归纳问题,但却始终只能囿于逻辑分析之域,而无法为归纳的可靠性提供更切实的基础。较之逻辑实证主义,金岳霖在这方面无疑已迈出了重要的一步。

归纳原则作为接受总则,构成了知识经验所以可能的条件。只要时间不停留,大化总在流行,所与也必然源源而来,而在化所与为事实、以得自所与还治所与的过程中,总是要引用归纳的原则。在这一意义上,金岳霖将归纳原则称为先验原则。"说它(归纳原则——引者)是先验原则,就是说它是经验底必要条件"③,金氏的这一看法与罗素有相近之处,罗素曾认为:"归纳法原则对于以经验为根据的

---

① 金岳霖:《知识论》,第 419 页。
② 〔美〕卡尔纳普:《因果性和决定论》,参见洪谦主编,《逻辑经验主义》上卷,北京:商务印书馆,1982 年,第 356 页。
③ 金岳霖:《知识论》,第 453 页。

论证的有效性都是必要的,而归纳法原则本身却不是经验所能证明的。"①就此而言,归纳原则具有先验性质。不过,罗素把逻辑也归入先验之列,而金岳霖则对先天与先验作了区分,以为逻辑是先天原则,只有归纳才是先验原则,先天原则是超时空的,即使在时间打住的条件下,它仍是真的;先验原则则只有在时间流逝、事实不断发生条件下才是真的。② 换言之,它的基础在现实存在之中。这样,归纳原则一方面是经验的必要条件,另一方面又并非游离于现实的经验世界。尽管金岳霖的先天、先验之说仍多少带有抽象甚至思辨的性质,但它同时又从一个侧面对归纳原则作了不同于实证论的解说。

金岳霖对归纳原则及其基础的如上考察,对解决休谟问题无疑是一种理论的尝试,其中所包含的不少见解显示了其独到的思路,它在很大程度上已经突破了实证主义的框架。当然,归纳作为科学方法,总是与演绎联系在一起,并且内在地包含着分析与综合的统一;仅仅依靠归纳,无法达到真正的普遍,唯有将归纳与辩证的分析及演绎结合起来,其结论才能真正达到普遍必然性,而这种普遍的结论又只有在经过实践检验之后,才能获得有效的形式。离开了科学方法的各个环节及实践过程,显然难以完全解决归纳的可靠性问题,作为一个从实证主义中出来的哲学家,金岳霖对上述理论关系似乎未能完全把握;与这一点相联系,金氏把归纳原则视为接受总则,对接受过程(以得自所与还治所与)的复杂性,显然也注意不够。

以近代科学思潮的演化为背景来反观金岳霖的工作,则不难注意到,他对逻辑与归纳作用的规定及归纳有效性的论证,同时也是在哲学上对科学方法内在价值的确认及其合理性的辩护。从严复到胡

---

① 〔英〕罗素:《哲学问题》,北京:商务印书馆,1959 年,第 48 页。
② 金岳霖:《论道》,第 12 页。

适,尽管科学方法的地位一再得到提升,但对其所以合理的根据和基础却往往缺乏深入的阐发与辨析,从而,对科学方法的倡导,常常是基于一种独断的信念。相形之下,一方面,金岳霖对归纳方法等的阐释,已开始超越独断的教条,而展示了一种内在的逻辑力量,它对科学方法的普遍认同与接受,无疑提供了更为理性的基础。另一方面,金岳霖将逻辑与归纳视为知识经验所以可能的条件,也意味着确认了科学方法的本源性,它或多或少呼应了科学方法万能的时代思潮。

科学的王国在科学方法中获得其内在的支柱,科学的方法以理性的程序,赋予科学以合理的形式。通过对科学方法内在环节与外在作用的双重澄明和层层渲染,以及近代科学方法与传统方法的沟通,科学既展示了理性化的进路,又获得了历史的合法性。在科学方法的独尊中,科学在更内在的层面上被看作是合理性的象征,并进一步成为膜拜的对象。

# 第九章

# 回归具体的存在

从以上的历史考察中不难看到,随着传统社会向近代的转换,科学逐渐由边缘走向中心,与此相联系的是科学地位的不断提升。这一现象之后隐含着科学与人文、知识与价值、科学世界与生活世界等多重紧张关系,在走向现代的过程中,如何化解这种紧张,是一个无法回避的问题。

## 一 科 学 与 人 文

科学作为认识活动和认识成果,首先与知识领域相联系;科学主义的特征之一,在于将科学视为唯一或最有价值的知识。普特南已注意到了这一点:"科学的成功把哲学家们催眠到如此程度,以致认为,在我们愿意称之为科学的东西之外,根本无法设想知识和理性的可能性。"①此所谓哲学家,即指科学主义的信奉者。从广义的文化背景看,知识当然并不限于科学:除了科学形态的知识外,还存在着以人文为表现形态的知识系统。② 科学主义对科学知识与人文知识所作的定位,显然需要重新加以反思。

就宽泛的意义而言,科学既指自然科学,也包括社会科学,但从严格的科学知识形态看,自然科学无疑具有更为典型的意义。作为指向自然之域的过程,科学活动的展开以天人之分为前提:唯有当自然成为对象性的存在时,科学的认知才是可能的。作为天人相分的历史延续和逻辑展开,是能知与所知、主体与客体等的分野和对峙。相对于原始形态的自我中心倾向和物我为一的混沌意识,天人、能所之分无疑有其历史的理由,然而,这种相分同时又隐含着一种将存在对象化的思维趋向:在科学的领域,自然及其他存在首先被作为对象来处理。当科学取得较为成熟的近代和现代形态时,这一特点表现得更为明显。海德格尔曾对现代的技术作了分析,并认为可以用座架来表示现代技术的本质:

座架(Gestell)意味着对那种摆置(Stellen)的聚集,这种摆置

---

① 〔美〕希拉里·普特南:《理性、真理与历史》,上海:上海译文出版社,1997 年,第 196 页。

② 19 世纪末、20 世纪初的德国人文主义者如狄尔泰,已对人文学科及人文知识的形态、特点等作了系统的考察(参见 *W. Dilthey Selected Writing*, edited by H. P. Rickman, Cambridge:Cambridge University Press, 1976, pp. 159 – 184, 以及 Michael Ermarth, *Wihelm Dilthey: The Critique of Historical Reason*, Chicago:The University of Chicago Press, 1978, pp.93 – 108),当代法国哲学家利奥塔也肯定了以叙事等方式出现的人文知识的合法性(J. Lyotard, *The Postmodern Condition: A Report on Knowledge*, Manchester:Manchester University Press, 1984, p.27)。

摆置着人,也即促逼着人,使人以订造方式把现实当作持存物来解蔽。①

座架具有限定、凝固的意义,它把人与自然的关系限定和凝固在认识与被认识、作用与被作用等关系中,而自然(即广义的存在)则由此成为一种可计算的对象。科学与技术当然有所不同,但二者并非彼此悬隔,技术将存在对象化的趋向,也从一个方面折射了科学思维的对象性特点。事实上,海德格尔在揭示技术将自然对象化的同时,也指出了科学的同一特征:"理论将现实之物的区域确定为各种对象领域。对置性的领域特征表现为:它事先标画出提问的可能性。任何一个在科学领域内出现的新现象都受到加工,直到它可以合适地被纳入到理论的关键性的对象联系之中。"②与对象化的思维趋向相联系,科学更侧重于对世界单向的发问与构造,而不是主体间的理解和沟通。③

化存在为对象的科学走向,往往伴随着实证的向度。科学所面向的,是经验事实;科学的假设也要由经验来加以确证。欧文在谈到科学传统时,曾指出,对科学的传统来说,一个观念要被接受,首先便必须在经验上是可证实的。④ 这种经验证实的要求往往进而引申为思想的实验。思想实验的特点在于从观念的层面对事物及其关系加

---

① 〔德〕马丁·海德格尔:《技术的追问》,《海德格尔选集》,上海:上海三联书店,1996 年,第 938 页。

② 〔德〕马丁·海德格尔:《科学与沉思》,《海德格尔选集》,第 967 页。

③ 在科学活动中,科学共同体内部的交流、讨论,最终仍指向世界的理论建构和逻辑构造。

④ D. R. G. Owen, *Scientism*, *Man*, *and Religion*, Philadelphia: The Westminster Press, 1952, p.23.

以考察和论证，它在形式上是逻辑的，但按其内容则又涉及经验。无论是直接的经验证实，抑或间接的思想实验，科学都似乎首先关涉处于时空关系之中的经验领域。

科学的理想形态是以数学的方式来把握世界。近代以来，数学化进一步成为科学追求的目标，这一过程在某种意义上开始于伽利略。胡塞尔已指出了这一点："通过伽利略对自然的数学化，自然本身在新的数学的指导下被理念化了；自然本身成为——用现代的方式来表达——一种数学的集（Mannigfaltigkeit）。"[1]自然的数学化往往意味着将自然还原为数量关系及形式的结构，其逻辑的结果则是远离日常的、具体的世界。在数学的模型与符号的结构中，世界常常失去了感性的光辉。马利坦曾对此作了如下评价："科学（在同哲学相区别的意义上）越来越倾向于自身的纯粹形式，这实质上表明它不是智慧的一种形式。它在科学中构成的一个解释的自主世界，以及成为一个去除了可感现象的概念的符号系统，就揭示了这一点。"[2]科学的数学化、符号化趋向对超越混沌的直观、达到认识的严密性，无疑具有不可忽视的意义，但它同时也蕴含了科学的世界图景与生活世界相互分离的可能。

科学作为追问与敞开世界的认识活动与知识系统，具有某种自主的性质。在其历史发展中，科学常常形成自我延续的系统；新的认识成果的形成，往往会引发新的问题，新的问题则又会激发新的探索。尽管从终极的层面看，科学问题的发生与解决并不能离开社会发展的历史需要，但科学作为一种文化过程，在一定意义上确乎具有

①〔德〕胡塞尔：《欧洲科学危机和超验现象学》，第 27 页。
②〔法〕雅克·马利坦：《科学与智慧》，上海：上海社会科学院出版社，1992年，第 32 页。

某种自生的能力与趋向。让·拉特利尔已注意到了这一点,在谈到科学特点时,拉特利尔指出:"科学本质上是一种持续的自我更新过程。"具体而言:

> 在现代社会中,科学(作为一个整体)仿佛具有一种趋势,即在自身内在功能作用的影响下,把自己建成为一个由相互作用着的子系统构成的巨大系统,并朝着越来越复杂、越来越整体化、越来越自主的方向发展。①

科学的这种自我延续、自我繁衍,使科学的衍化方向容易受制于科学自身运行的惯性,其中包含着某种失控的可能。原子能的研究为核武器的研制提供理论前提、化学的研究导向化学武器的开发,固然以一定时期的社会需要为动力,但就理论本身的内在机制而言,它同时又表现为科学自身发展方向的逻辑展开。

与科学相对的是所谓人文学科(Humanities)。从狭义上看,人文学科最初主要与古典的教育体系相联系;在罗马时代,人文意味着通过教育、引导,使人成为完美的存在;文艺复兴时期,人文学科往往同时涉及对古典文献的研究。就广义而言,人文学科则更多地关联着对人化世界的解释、规定和评价。人化世界不同于本然界,本然界是自在的存在,人化世界则是已进入人的知行之域的存在。科学主要致力于化本然界为事实界,并进而以数学等方式把握事实之间的联系,相形之下,人文学科所面对的是广义的人化世界,人化世界不仅限于事实界,它亦包括性与天道等形上的领域;人文学科的特点首先

---

① 〔法〕让·拉特利尔:《科学和技术对文化的挑战》,北京:商务印书馆,1997 年,第 29、32 页。

在于以解释、评价、规定等方式来敞开人化世界,从狄尔泰、海德格尔,到伽达默尔,都在不同意义上强调了人文学科的以上性质。人文学科的解释、评价、规定形式可以是多样的,从神话,到形而上的思辨,解释、评价等样式展开于不同的领域。相对于科学主要着重于对事实的认知,人文的解释、评价、规定往往关联着应然的设定;换言之,它所关注的不仅是世界实际怎样,而且是世界应当怎样,而对应然的设定,总是渗入了价值的关怀。

人的存在过程总是包含着多重的需要,他既不断地探求真,也以美、善等为追求的目标,并以不同的方式展示出对存在的终极关切。如果说科学较多地指向实在本身的规定,并由此满足人的求真要求,那么,人文的研究则在更宽泛的意义上涉及求真、趋善、向美的过程及各种形式的终极关切。从广义上看,人化的世界是一种意义的世界,真、善、美等等,在不同的层面都展示了一种意义关系。就真而言,科学领域的真,主要表示认识与对象的关系,但真的意义并不限于认识关系。除了认识与对象关系上的真理外,真又与妄相对而具有本体论意义上的实在之意,作为本体论意义上的实在,真的追问便涉及形而上学的沉思,后者已超越了科学之域而指向人文学科。真的另一含义是诚或真诚,它与伪相对而展示了一种善的品格,这一意义上的真的追求,同样非科学所能范围。此外,真还具有自然之意,艺术上的真,人格上的本真或本色,行为上的率真,都表现为一种自然之美;而这方面的求真,同时便体现为美的追求,对这种真的确认与评价,显然也不同于科学的认知,而更多地带有人文的意味。

作为人化世界的理解形式,人文研究固然也离不开存在的考察,但与科学不同,它的特点主要不在于对存在作对象化的处理。在对象化的思维模式下,呈现的首先是主体与对象的相互对峙,与之相对,人文解释、评价的着重之点,开始由对象的观照、敞开,转向主体间的理解、沟通。科学固然也涉及主体间的关系,科学理论的普遍接受和认同,不能离开科学家共同体之间的讨论、共识,但在科学的认识中,主体间的关系似乎多少具有某种从属的性质:主体间讨论、共识,最终指向敞开对象的科学操作,从最后的目标看,主体与对象的关系显然具有更为优先的地位。以意义的追求为向度,人文的解释、规定、评价既致力于自我的领悟,又注重主体间的相互表达与理解,所谓明其意义(meaning)与得其意味(significance);人文研究所包含的这种主体间性之维,无疑有助于扬弃对象化的思维方式。

在科学领域,与对象化相应的是数学化,它在更严密地把握世界的同时,也使世界多少失去了感性的光辉。相形之下,人文解释所追求的,往往是与生活息息相关的具体世界。就人而言,它所肯定的,是有血有肉的生命存在;就对象而言,它所指向的,是感性的实在,而人的存在与对象世界又被理解为统一的整体。较之科学以数学模型、符号形式对世界作理性的抽象,人文研究与具体的生活世界确乎有着更为切近的联系;尽管从考察的方式看,后者亦常常包含了某种思辨的向度,但相对于数学化与符号化的处理方式,人文研究无疑更多地展示了对存在的多方面关注。

对人化世界的解释、评价和规定,同时亦包含着某种范导的意义。与科学侧重于实然的敞开有所不同,人文的研究总是涉及应然的设定。如前所述,科学在一定意义具有自我再生的能力,这种再生性使科学形成为一种自我延续、自我繁衍的系统,如果不能作适当的引导和调节,它往往会产生与人类发展的整体利益相冲突的趋向。相对而言,人文研究往往更直接地导源于生活世界本身的问题,并更敏感地折射生活世界的需要,这种需要和问题既是人文研究的出发点,也规定了人文研究的方向,它不仅使人文研究难以游离社会的现实发展,而且要求人文的思考为社会的未来走向提供文化层面的范导。对社会发展方向的这种价值与文化的范导,无疑亦有助于抑制科学世界自我衍化可能导致的消极趋向。

历史地看,科学知识与人文知识并非彼此悬隔。在文明发展的早期,科学与神话、宗教等往往相互交错。治河过程积累起来的水文等知识,常常以大禹治水的神话形式表现出来;对天文星象的认识,则往往渗入了天人感应之类的宗教观念。随着人类认识的发展,科学固然开始渐渐疏离神话、宗教,但它总是难以完全割断与形上思辨等人文观念的联系。E. A. 伯特在谈到牛顿以前的科学时,曾指出:"至于前牛顿科学,那在英国和大陆都与前牛顿哲学属于同一个运动:科学就是自然哲学。"[①]自然哲学属于思辨形态的哲学,科学与自然哲学的融合,从一个方面反映了科学与形上观念的纠缠。这种纠缠不仅构成了前牛顿时期科学的一道景观,而且也存在于牛顿以后科学的发展过程。18、19 世纪物理学中的以太概念,便颇为典型地表现了实证科学与思辨观念的互渗。此外,就科学与常识的关系而言,尽管科学在相当程度上已超越了常识,但二者之间并非仅仅呈现间断的关系,瓦托夫斯基已注意到了这一点:"在科学本身的基础上,铭刻着它同普通经验、普通的理解方式以及普通的交谈和思维方式的历史连续性的印记,因为科学并不是一跃而成熟的。"[②]

事实上,如果对科学作一现实的而非理想的透视,便不难看到,

---

① 〔英〕E. A. 伯特:《近代物理科学的形而上学基础》,成都:四川教育出版社,1994 年,第 17 页。

② 〔美〕M. W. 瓦托夫斯基:《科学思想的概念基础——科学哲学导论》,北京:求实出版社,1989 年,第 11 页。

科学的知识总是以不同的方式包含着人文的内涵，①纯而又纯，完全剔除了人文内容的所谓"科学"，只能存在于理想的形态，而缺乏现实的品格。广而言之，当科学的知识以语言的形式被表达和解释，从而为人所理解和接受时，便同时被赋予了某种人文的内涵：语言作为思想的载体，总是内含着人文的意蕴。科学知识本身的合法性，往往有赖于以叙事的方式出现的人文知识，当代法国哲学家利奥泰已指出了这一点："在实证主义出现以前，科学知识一直在寻找另一种解决合法性问题的方式。值得注意的是，长期以来，科学在解决这一问题时所借用的程序，直接或间接地都属于叙事知识。"②同时，科学内容的阐述，也总是受到与人文关怀相联系的价值观念的影响，从而包含着"非科学"的因素。M. N. 李克特曾指出了这一点："即便对自然的观察是科学的，最终的阐述中也要包含有某些'非科学'的成分。"③

总之，无论就科学的历史起源，抑或科学的现实形态而言，科学知识与人文知识都并非截然隔绝。然而，随着科学在近代的发展，二种知识之间的分离趋向也开始滋长。当休谟以"是"与"应当"的区分取代苏格拉底"美德即知识"的观念时，科学与人文对峙的历史序幕便随之缓缓拉开。美德作为价值理想的体现，首先展示了人文的意

---

① 波兰尼（M. Polanyi）在《个人知识》一书中，曾提出"理智的情感"（intellectual passions）这一概念，以解释科学的活动，而所谓理智的情感则在广义上包括价值的关怀、审美的体验等人文内涵，这一看法从过程（科学活动）的角度，注意到了人文向科学的渗入。（参见 M. Polanyi, *Personal Knowledge: Towards a Post-Critical Philosophy*, Chicago：The Unviersity of Chicago Press, 1962, pp.132－202）

② J. Lyotard, *The Postmodern Condition: A Report on Knowledge*, Manchester：Manchester University Press, 1984, p.27.

③ 〔美〕M. N. 李克特：《科学是一种文化过程》，北京：生活·读书·新知三联书店，1989 年，第 11 页。

味,知识虽不限于科学之知,但却无疑包含了科学之知,在此意义上,美德与知识的合一,亦意味着科学与人文的沟通;"是"作为实然,更多地表现为科学认识的对象,"应当"作为价值规范,则首先指向人文之域,这样,在"是"与"应当"的区分之后,多少便蕴含着科学与人文的某种分离。从美德即知识,到"是"与"应当"的区分,科学与人文经历了由相合到相分的过程。

科学与人文的相分,在其发展过程中往往呈现为所谓两种文化的对峙,以科学知识及科学操作为内核的文化领域,与围绕人文研究所展开的文化圈,构成了各自封闭的文化领地,二者之间既无法理解,又难以交流,逐渐形成了文化的鸿沟。知识分子限于专业训练的背景,往往只了解一种文化,从而很难彼此对社会文化的发展达到共识。[①] 两种文化的这种分离,在不同哲学思潮的对峙中也同样有所折射:科学主义与人本主义、分析哲学与现象学等分野,便表明了这一点。如果说,科学主义主要表现了对科学文化的认同,那么,人本主义则更多地倾向于文化的人文之维,在相当的程度上,二者各有自己的话语体系,也各有独特的意义标准,彼此守着自己的领地,很少相互往来。

两种文化的分野,以外在的形式展开了科学与人文的对峙。就个体而言,以上分野和对峙所导致的,是内在精神世界的单一化与片面化,它使个体往往或者接受数学、符号构成的世界图景,或者认同诗的意境;二者各自对应于数理等思维方式和诗意等言说方式。从整个社会范围看,科学与人文的对峙则往往引向文化的分裂及主体间的隔绝。如何扬弃二者的分离?科学主义试图以科学净化整个知

①  参见〔英〕查尔斯·斯诺:《两种文化》,北京:生活·读书·新知三联书店,1994 年。

识和文化领域,其结果是使人文学科失去存在的合法性,这种以科学的霸权消解人文学科的进路,不仅未能超越科学与人文的对峙,而且使之进一步趋于紧张。

当然,不能因为科学主义的偏向而否定科学本身的价值。自天人相分之后,人类的存在便与化自在之物为为我之物的过程相联系,正是这一过程,使人的本质力量得到了确证。作为化自在之物为为我之物的内在环节,科学似乎构成了人(作为族类的人)的某种存在方式。化自在之物为为我之物的过程,同时也是人构造这个世界(人化世界)的过程。对象世界能被敞开到什么程度,人化世界能获得何种形态,无不与科学息息相关。海德格尔曾认为,现代技术的本质,是世界的构造,在相近的意义上,我们也可以说,科学的本质在于世界的构造:正是在构造世界的过程中,科学展示为人的存在方式;也正是作为化自在之物为为我之物的内在环节,科学获得了其存在的合法性。

然而,人的存在并非仅仅只有一个向度,人敞开及构造世界的过程也并非仅仅指向科学的世界图景。如前所述,化自在之物为为我之物的过程,也就是人化世界的建构过程,人化世界作为广义的意义世界,既可以表现为科学及其物化形态,也可以取得人文的形式。从宽泛的意义上看,人化世界无非是进入了人的知行之域的存在,人对世界的把握并不仅仅限于科学认知,意义的追问和探求总是多向度的。以解释、评论、规定等为形式的人文研究和探索,同样作用于人化世界的构造:正如科学以事实认知等方式融入了化自在之物为为我之物的过程一样,人文的探索以意义的阐述等方式参与了化本然界为人化世界的过程。当人们追问宇宙的第一因时,形上之域就开始进入意义世界;当自然成为审美对象时,天地之"美"就不再是庄子意义上的不言之美,而是被赋予某种人文的规定;如此等等。以人化世界的形成、解释、评价以及规定为内容,人文探索从不同于科学的另一侧面,展示了人的存在方式。

作为人的不同存在方式,科学世界与人文世界无疑各有其合法性。无论是以科学世界消解人文世界,抑或以人文世界消解科学世界,均与存在的多重向度相悖。按其内在规定,科学世界与人文世界都包含着二重性:从过程的角度看,从本然界走向人化世界是无限度的:不论科学层面的事实认知,还是人文层面的意义追问,都不能规定一个终极的界限,换言之,人化世界总是处于不断的生成之中;但另一方面,就各自的作用范围而言,科学与人文又有自身的界限:二者不能相互取代。

人的存在固然有不同的向度,但这种不同向度又是同一存在的相关之维。从现实形态看,作为存在的相关之维,科学与人文具有互渗和互补的一面。人文观念往往为科学活动提供范导性的原则。人是目的是一种基本的人文信念,而科学的工作方向在相当的程度上便受制于这一观念:科学通过敞开自然而化自在之物为为我之物,即以上述观念为本。同样,人文学科也并非完全隔绝于科学,作为人文解释对象的人文世界,往往首先呈现为科学的世界图景;人文解释,则相应地要以科学的视野为背景。从近代科学的发展看,科学也似乎越来越具有解释的性质,库恩曾把科学史视为解释的过程,罗蒂、黑塞(Mary Hesse)、伯恩斯坦及罗斯等进而把科学本身与解释沟通起来。黑塞曾对科学的解释特征作了具体的分析,诸如科学的材料要根据某些理论解释来确定,科学的事实本身具有建构性,科学的意义是由理论决定的,它们要通过理论的一致性来理解,而这种一致性则要通过解释来确认。[1] 尽管科学的解释与人文的解释各有自身的特

---

① 参见 Mary Hesse, *The Revolution and Reconstruction in Philosophy of Science*, Bloomington: Indiana University Press, 1980。

点,不能简单加以等同,但二者在解释性上又确乎并非截然对立,这种相通性,从一个方面构成了超越科学与人文对峙的前提。

当然,超越对峙并不意味着泯灭二者的界域。如前所述,科学与人文作为人化世界形成的二重向度及人存在的二重方式,具有相对独立的问题域及观念系统,二者各有自己存在的根据和合法性,确认这一点,是沟通二者的逻辑前提。历史地看,科学与人文在近代以来的衍化过程中,曾形成了自我延续的系统,这种系统在某种意义上带有封闭的性质,而超越对峙首先便体现为由封闭的系统走向开放的系统。这里,重要的是二者之间保持深层面的对话。通过两种文化、二重领域的这种对话,人文观念不断地渗入科学领域,所谓渗入,当然并不是具体地制约其研究程序,而是通过范导其工作的方向,以抑制科学自我繁衍、自我再生可能导致的负面结果,并使科学的运作与人文意义的追求及理想的价值目标保持一致;另一方面,确认科学的价值,理解科学的世界图景,也有助于化解对科学文明的恐惧与抗拒心态,避免回归自然等浪漫、空幻的追求,以历史主义的态度,面对文明的进步。

就个体而言,科学与人文的沟通意味着科学精神与人文素养的统一。对多数个体来说,他也许很难同时既是科学家,又是人文学者;但对科学与人文学科都具有一种开放的心态,既认同科学的精神,又保持人文的关切,这无疑应当成为努力的目标。就主体间的关系而言,合理的进路则在于不断通过两种文化、二重领域的对话,以达到科学家与人文学者之间的相互理解和沟通,避免两种文化之间的隔阂。总之,科学与人文固然各有分界,但作为知识形态,二者又有互融与趋近的一面;从广义的文化角度看,二者则是整个社会文化系统的相关并互补的方面。

科学与人文在前近代曾以统一的形态存在,但这是一种未经分化的原始形态的统一。近代以后,科学与人文开始由合而分,并逐渐引向二重知识、二重文化、二重领域的疏离和对峙,这种疏离和对峙不仅导致了文化的冲突,而且也引发了存在的分裂。在经历了漫长的分离和紧张之后,如何重建统一已成为现代化过程中不能不正视的问题。科学与人文从分离走向统一的过程,既指向广义的文化整合,又意味着扬弃存在的分裂,恢复存在的二重相关向度;质言之,回归具体的存在方式。

## 二　走向健全的理性化

知识形态的区分之后,内在地蕴含着不同意义上的理性化追求,而理性本身又有不同的维度。康德曾对知性与理性作了区分,知性主要表现为科学认知的能力,理性则是把握形上对象的能力。从广义上看,康德所说的知性近于所谓认知的理性,而他所说的理性则与宗教、伦理、本体等领域的终极关切相联系,在此意义上,知性与理性之分,也可以视为对理性本身的划分。

康德之后,韦伯对理性作了进一步的分析。按韦伯的看法,合理性的过程可以从形式与实质两个方面加以理解。形式的合理性首先涉及目的与手段的关系,往往表现为以有效的手段,来达到确定的目的,这一意义上的理性,常常与效率、可计算性、有序性等联系在一起,它既具体化为现代的企业制度、科层组织,等等,又表现为以具体的因果机制的追寻,来取代巫术、神话及形而上的思辨。实质的合理性更多地与价值的确认相联系,并表现为与普遍价值目标的一致。不难看出,形式的理性具有工具的性质,实质的理性则具有价值的向度。

在法兰克福学派中,理性的辨析同样构成了其批判理论的一个方面。霍克海默认为,理性可以区分为主观理性与客观理性,主观理性关心的是手段和目的,考虑手段如何有效地达到目的,但对目的的本身是否合理却很少关注,这种理性,实际上也就是工具意义上的理性,它制约着现代的工业文明。客观理性则注重存在的多重维度,并把目的而不是手段放在更为重要的地位,它在内涵上更接近价值理性。在霍克海默看来,近代以来的启蒙历程,使客观理性渐趋式微:随着科学技术的发展,对手段、效率等的关注,逐渐压倒了价值的关怀。法兰克福学派的后起代表哈贝马斯区分了合理—目的行为与交往行为,并对理性化的含义作了相应的理解;合理—目的行为主要指向工具意义上的理性,交往行为则更多地与价值理性相联系,后者的理性化标准具体表现为真实性(对外部自然的把握是否真实)、正确性或合法性(是否合乎社会的规范)、真诚性(是否真诚地表达内在的意向)、可理解性(语言的表述是否合乎语法规则,是否具有可理解性)。

工具理性与价值理性之辨,也许并不足以把握理性的全部内涵,但它确乎从一个方面涉及了理性追求的不同向度和理性作用的不同方式,因此,在说明近现代相关思潮时,我们似乎仍可以借用韦伯以来所运用的这一对范畴。

工具理性所指向的,首先是主体与对象的关系。作为康德意义上的知性能力的展开,工具理性所涉及的主要是两个方面,即经验内容与广义的逻辑形式,而从普遍的理性运演和操作这一层面看,逻辑形式在工具理性中无疑构成了更为主导的方面。逻辑运演具有形式化的特点,它在具体的经济、政治等社会领域中,往往进而被引申为程式化、规则化,等等。①在形式化、程式化的形态中,对象总是被分

①　哈贝马斯已注意到了这一点,他后来将近代经验科学所运用和突出的理性称之为程序理性(Procedural Rationality),作为后形而上学思维的一种形态,这种理性"往往被还原为某种形式的东西",其作用在于"通过对实在的程式化的处理",以成功地解决经验等领域中的具体问题。(J. Habermas, *Postmetaphysical Thinking: Philosophical Essays*, Polity Press, 1992, pp. 34–39)

解、还原为各种可计算的分子,其多方面的规定则往往被过滤和净化。对客体的这种把握方式固然构成了认识的严密性、深入性所以可能的条件,但它同时也潜含了抽象化、片面化的思维趋向:就一定的层面及一定的侧面而言,工具理性确乎可以有效地把握存在,但就存在的整体而言,它又是对存在的一种片面和抽象的把握。工具理性的这种思维特点,在某种意义上植根于作为工具理性基础的数学与逻辑。数学和逻辑使关于对象的形式化把握成为可能,但数学所把握的,主要是对象的数量关系,逻辑则撇开了思维的具体内容,二者的共同之处在于对具体对象和内容作抽象的处理。在此意义上,数学化、逻辑化与抽象化、片面化常常联系在一起。

作为抽象化的引申,工具理性所面对和关注的,主要是主体与对象之间的认知关系。尽管对手段的考察,最终亦指向目的的实现,因而理性的这种向度并没有也不可能完全与人的需要等价值层面的问题绝缘,但就工具理性本身而言,它所关注的,基本上是如何以数学等方式,把握对象的各自规定,亦即在实然的层面敞开和解释事实,并用数学的模型等来再现事实之间的联系。在指向对象的同时,工具理性对主体与对象之间的价值关系并不关心。诚如霍克海默所说,它注意的是手段的合理性,而不是目的本身的合理性。就其具体的存在形态而言,主体与对象的关系仅仅是人存在的一个方面,而在这一关系中,认知又只是其中的一个向度。工具理性略去了其他联系而仅仅从认知的角度切入存在,显然亦是另一种意义上的抽象。

较之工具理性,价值理性更多地体现于存在意义的追寻之中。"意义"本身有不同层面的含义,在认知的层面,意义展示为对实然的把握,在评价的层面,意义则与应然的设定相联系。就人与对象的关系而言,价值理性追问的是对象对人的存在的意义,包含对象是否以及在多大程度上合乎人的需要,就主体间关系而言,价值理性则关注存在意义的相互确认。如果说,纯化形态(理想形态)的工具理性着重于撇开人的存在而敞开对象,那么,价值理性则要求联系人自身的存在来把握和规定广义的存在。人的存在既有个体的向度,又有社会的向度,从前一方面看,问题往往涉及如何确认和实现个体存在的意义;就后一方面而言,理性的思考则总是指向理想的社会形态和交往方式。无论是个体人生意义的确认,抑或社会理想的设定,从根本上说都基于终极的价值原则:只有以此为前提,个体应当如何生活,社会应当如何存在的设定才成为可能。价值原则以及与之相关的人自身存在方式和意义的确认与设定,便构成了价值理性的主要内涵。当然,以上是一种分析的说法,就现实的形态而言,以评价为内容的价值理性并不能完全游离认知过程,而理想存在形态的展望则总是以不同时代社会文化的发展为背景。

从总的思维趋向看,科学主义所推崇和关注的,主要是工具层面的理性,不妨说,正是对工具理性的片面强调,构成了导向科学主义的内在根源。就历史的源流而言,对工具理性的这种强化,可以追溯到近代的启蒙思潮。这里所谓启蒙思潮,是在较为宽泛的意义上说的,它首先相对于中世纪的神学独断论而言。当培根提出"知识就是力量"时,他所突出的,无疑是理性的工具意义:知识所否定的,是价值观意义上的信仰。在这里,理性的工具意义与价值内涵似乎一开始便处于某种对峙的地位。同时,在知识就是力量的断论之后,是对工具理性有效性的乐观确信:一旦达到了理性的知识,便意味着获得了作用和支配外部世界的力量。随着科学的发展及科学向技术的不断转化,工具层面的理性进一步获得了优先的地位。诚如韦伯所指出的,近代化(现代化)的过程,首先展开为一个工具意义上的理性化过程。

如前所述,以数学及逻辑为基础的工具理性对存在的把握一开始便内含着抽象化及片面化的可能。在知识即力量的前提下，对客体（对象）的把握首先指向其固有的物理、化学等规定及数量等关系，引而申之，对人的理解也往往趋向于对象化与片面化，在拉·梅特里的《人是机器》一书中，这种理解取得了颇为典型的形态。按照拉·梅特里的看法，人是一架自己发动自己的机器，他不过"比最完善的动物再多几个齿轮，再多几条弹簧"而已。[①] 这种观点在近代思想家中具有一定的普遍性，如笛卡尔、霍布斯、霍尔巴赫等，都以不同的方式表达过类似的观念。[②] 作为机器，人主要表现为科学认知的对象；将人理解为机器，在逻辑上意味着淡化对人的价值关怀。在此，工具理性意义上的科学认知，显然压倒了评价意义上的理性向度。这种思想倾向，可以看作是科学主义的滥觞。

当然，从广义上看，近代的启蒙思潮既具体化为知识就是力量的信念，又包含着对人自身价值的确认，尽管就具体的人物而言，侧重之点往往各异，如有的强调科学认知，有的注重价值评价，但从总的趋向看，启蒙思潮中的理性，似乎兼有工具和价值二重内涵：正是在启蒙思潮中，工具理性被层层地提升；也正是在启蒙思潮中，人的内在价值得到了空前的高扬。这样，工具理性的优先与人文的关切在启蒙思潮中多少构成了一种历史的悖论。相对于此，科学主义则更多地表现为"知识就是力量"与"人是机器"等命题的单向度引申和展

[①] 〔法〕拉·梅特里：《人是机器》，北京：商务印书馆，1979年，第52页。

[②] 霍布斯在《利维坦》中将人的心脏比作发条，神经比作游丝，关节比作齿轮。（〔英〕霍布斯：《利维坦》，北京：商务印书馆，1985年，第1页）霍尔巴赫进而认为，人作为机器同样受制于机械的法则："人这部机器的活动方式——外现的也好、内在的也好，无论它们表现得或的确是多么神妙、多么隐蔽、多么复杂，如果仔细加以研究，我们就会看出，人的一切动作、运动、变化、多种不同情态、变革，都经常被一些法则所支配。"（〔法〕霍尔巴赫：《自然的体系》上卷，北京：商务印书馆，1964年，第69页）

开,与之相联系的是工具理性的片面膨胀。

从宽泛的意义上看,工具理性与价值理性都以理性化为其目标,但二者在理性化的具体内涵及指向上又彼此相异。近代以来,一方面,对理性化的追求似乎更多地以工具理性为主导,而科学主义则从理论上折射了这一趋向,由此形成的是韦伯所谓形式的合理性与实质的不合理性之间的张力。另一方面,工具理性在获得普遍认同的同时,也不断地受到各种形式的抨击,从帕斯卡、卢梭,到胡塞尔、海德格尔,对工具理性的批评绵绵相继;20世纪的下半叶,在告别理性、解构逻格斯等所谓后现代的口号下,工具意义上的理性进一步成为贬斥和消解的对象,由此导致的,将是形式的合理性的失落。这种历史现象,使如何重建合理性成为难以回避的时代问题。

就对象世界而言,工具理性所关注的,首先是经验—现象领域;与工具理性片面引申相联系的,往往是将视野仅仅限制于经验—现象之域。在这方面,追求工具意义上的理性化,与经验主义及实证论的理论走向无疑存在着内在的一致性。事实上,以推崇工具理性为特征的科学主义,即以实证主义为其哲学基础。在拒斥形而上学、扬弃超验实体等要求下,世界似乎只剩下各种经验的呈现和数学、逻辑的规定。质言之,在疏离了本体论之后,对世界本身的理解也变得片面化了。从哲学的层面看,工具意义上的理性化,确乎与缺乏本体的承诺相联系;正是悬置了对世界的本体论的观照,具体的对象逐渐被分解为抽象的规定。合理性的重建,首先意味着从现象的呈现和逻辑、数学的规定,回归具体的世界。此所谓具体的世界,是体和用统一的存在,它既展开为多方面的呈现,又具有内在的根据;既表现为自在规定,又是一种为我的存在。以体与用的统一为内容的本体论承诺,构成了超越工具理性抽象性与片面性的理论前提。

把对象世界分解为数学、物理、化学等各种规定,既为分别地把握对象提供了可能,又将人与对象的关系主要限定于认知之域。从总体上看,工具理性确乎以认知为主要内容,它所表现的,是一种狭义的知识论立场。人与对象的认知关系,当然是人存在的一个极为重要的方面,自在之物在多大程度上转化为为我之物,往往取决于对其认知所达到的深度和广度。但人与对象除了认知关系之外,还存在价值等关系;单纯的认知往往使人难以超越经验的领域。另一方面,离开了理性的认知而仅仅关注于价值的评价,则常常容易使这种评价流于形而上的思辨。就认识论的角度而言,唯有达到认知与评价的统一,才可能真正扬弃工具理性与价值理性的对峙。从现实的形态看,正如人与对象的关系涉及认知与评价一样,广义的认识过程本身既包含着认知之维,又有评价的向度,尽管我们可以用分析的方法,对二者加以区分,但在现实的认识过程中,认知与评价却并非彼此隔绝。从这一意义上说,扬弃片面强调工具理性的科学主义,意味着回归认识的现实形态。

认知的成果通常呈现为知识,作为经验对象一定层面或侧面的认识形态,知识总是表现为一个一个的命题、一条一条的定理或定律,对世界的这种把握形式,具有分析的特点。与知识相对的,是智慧。较之知识的认知向度(以敞开对象为指归),智慧更多地表现为对象的认知与存在关切的统一;较之知识主要指向经验领域的某一方面或层面,智慧所追问和沉思的,则是作为整体的存在——天与人统一的具体世界。智慧固然没有对经验对象作断定,但它却规范着对存在的认知和作用,并不断引导人们从被定律、命题等所分解的对象回归具体的世界。仅仅以狭隘的知识论立场为进路,往往容易导向智慧的遗忘,在近代以来对工具理性与科学认知的片面强化中,我们确实可以看到某种遗忘智慧的趋向。马利坦曾将这种现象的产生与笛卡尔联系起来，认为："笛卡尔废黜了智慧。"①这种评论是否确当或可讨论，但自笛卡尔等把世界数学化以后，人们开始逐渐地疏远了智慧，这似乎还是事实。如何克服智慧的遗忘，这是走向现代的过程中应当正视的问题。当然，智慧本身并非隔绝于知识之外，拒斥知识的所谓智慧，只能流于形上的玄思。在超越狭隘的知识论立场、克服智慧的遗忘的同时，又给予知识以应有的定位，从而不断达到知识与智慧的统一，这可以看作是工具理性与价值理性的合理互动的更为深层的内涵和逻辑引申。

以知识与智慧统一为内涵的理性化过程，既不同于工具意义上的理性化，也非限于价值意义上的理性化。如前所述，工具意义上的理性化主要以有效性为指向，在形式化、有效性等追求中，人与其他存在似乎并没有什么区别；价值意义上的理性化以存在意义的确认和实现为内容，但单纯的价值关切，往往容易使理性化流于情意世界的建构及心性层面的精神受用，其中蕴含着另一种意义上的抽象性。从终极的层面看，理性化的真正内涵应当是人本身的全面发展。所谓全面发展，既指知情意的相互协调，也包括认识世界与认识人自身的统一，而以上统一同时又展开于变革外部对象与提升自我境界、人的存在与对象世界彼此互动、主体之间相互理解和沟通的历史实践之中。

## 三　科学世界与生活世界

工具理性与价值理性之辨，往往引向科学世界与生活世界的区分。工具理性所认同的，是科学的世界图景，而人文的关切则与生活

---

① 〔法〕雅克·马利坦：《科学与智慧》，第 30 页。

世界难以分离。当工具理性压倒价值理性时,科学世界与生活世界的对峙便成为逻辑的结果;而重建工具理性与价值理性的统一与化解科学世界和生活世界的紧张,则构成了同一过程的两个方面。

科学主义在强化工具理性的同时,也力图提供一幅科学的世界图景。在科学的视域中,世界首先被还原为数学、物理、化学等规定。相对于本然的存在,这是一个经过科学构造的世界:以数学化等模式呈现出来的存在形态,主要表现为认识的投射。作为人化的世界,科学图景的构成,总是融入了人变革对象的要求。海德格尔曾指出:"世界之成为图象,与人在存在者范围内成为主体是同一个过程。"①正如知识使人获得力量一样,科学使人成为世界的支配者;从根本上说,科学的世界图景所展示的,是人对世界的主宰性或支配关系,作为支配者的人,首先被理解为科学的主体或科学的化身,而以科学的方式把握世界,则表现为以"人"观之。在科学的观照中,世界呈现为可以用数学等方式来处理的形式,数学、逻辑之外的属性则往往被过滤和遮蔽起来,在此意义上,科学的世界图景既敞开了世界,又掩盖了世界。当胡塞尔说伽利略"既是发现的天才,又是掩盖的天才"时,他无疑已注意到了这一点。②

科学的图景在具体化为现实的世界后,往往便取得了技术社会的形式。技术社会可以看作是科学图景的物化形态,其特点在于以科学的视域和技术的手段构造世界,并以科学和技术支配和控制自然与社会。在人与自然的关系上,技术一再干预和改变着自然的进程,与此相应的是机器的操作不断取代了自然本身的运行;在社会领域,科层制下的程式化运作,使个体的创造性逐渐消解于统一的程序

---

① 〔德〕马丁·海德格尔:《世界图象的时代》,《海德格尔选集》,第 902 页。
② 〔德〕胡塞尔:《欧洲科学危机和超验现象学》,第 63 页。

和操作模式,制度、程式、规范等在某种意义上构成了一架社会机器;社会的运行,则似乎近于机器的运转。对自然与社会的这种技术控制,同样影响着文化和精神的领域。以现代技术为手段的文化工业,不断生产和复制着迎合大众口味的文化产品,这种产品既经产生,又反过来进一步塑造相应的文化时尚;在科学化、规范化等要求下,专家成为新的权威,从饮食起居到其他生活方式,合乎科学的指标取代了个性的多样化追求;与之相联系的是,数学化的思维方式渐渐侵入日常生活的领域,精神的活动受制于严格的科学定律,由此,科学"将自身作为一种实在模式强加于人,日益决定日常生活、决定日常生活的外部形式、节奏和潜在的可能"①。总起来,技术社会以形式的合理性,净化了存在的丰富内容。

与科学世界相对的是生活世界。关于生活世界,当代哲学家已从不同角度作了多方面的考察。首先应当一提的是胡塞尔。按胡塞尔的理解,生活世界也就是"在我们的具体的世界生活中不断作为实际的东西给予我们的世界"②。科学的活动应当以这一生活世界为出发点,并为这一世界服务。相对于科学世界,生活世界具有更基础的性质:"人们(包括自然科学家)生活在这个世界之中,只能对这个世界提出他们实践和理论的问题;在人们的理论中所涉及的只能是这个无限开放的、永远存在未知物的世界。"③在这一意义上,生活世界是前科学的世界;此所谓"前科学",并不是认识论上的初始形态,而是存在意义上的本原性。不过,近代科学的发展,往往未能确认生活世界的这种本原性,相反,它常常以形式化、符号化的"理念的衣服",

---

① 〔法〕让·拉特利尔:《科学和技术对文化的挑战》,第73页。

② 〔德〕胡塞尔:《欧洲科学危机和超验现象学》,第61页。

③ 同上书,第60页。

来改装生活世界:"这件'数学和数学的自然科学'的理念衣服,或这件符号的数学理论的符号的衣服,囊括一切对于科学家和受过教育的人来说作为'客观实际的、真正的'自然,代表生活世界、化装生活世界的一切东西。正是这件理念的衣服使得我们把只是一种方法的东西当作真正的存有。"①质言之,以数学化、符号化为特点的科学图景,往往遮蔽了生活世界,并使之失去了本原的形态。

较之胡塞尔之强调生活世界对科学的本原性,后期维特根斯坦更多地把生活世界与语言的运用过程联系起来。按后期维特根斯坦的看法,语言是人类生活的一个内在环节,词的意义唯有在其实际的运用过程中才能揭示:"一个词的意义就是它在语言中的使用。"②而语言的运用总是以生活的样式为背景:"想象一种语言就意味着想象一种生活形式(a form of life)。"③换言之,语言的意义源于生活世界的不同形式。作为生活世界的有机构成,语言具有公共的性质:不存在私人语言。维特根斯坦的以上看法并不仅仅限于提出一种语用学的立场,它的深刻含义在于:肯定意义世界的形成以生活世界为其基础。

哈贝马斯从交往行动的角度,对生活世界作了细致的考察。按哈贝马斯的看法,生活世界的构成因素包括文化、社会及个人,在其运行过程中,生活世界本身涉及多重维度的再生产。就文化之维而言,生活世界的再生产指向意见的一致,而这种再生产的破坏则导向意义的失落;在社会之维,生活世界的再生产涉及社会的合法性,而这一领域的破坏则导致合法性危机(合法性的丧失);在个体之维,生

① 〔德〕胡塞尔:《欧洲科学危机和超验现象学》,第62页。
② 〔奥〕维特根斯坦:《哲学研究》,北京:商务印书馆,1996年,第31页。
③ 同上书,第12页。

活世界的再生产与个体的社会化相联系,而这一过程的破坏则将引起个体发展的方向危机和教育危机。同时,哈贝马斯特别强调了与语言或符号的互动相联系的交往行动在生活世界构成中的作用。不难看到,哈贝马斯以上论述首先具有社会学的意义,而生活世界则相应地涉及文化传统的延续、社会的整合、政治秩序的合法性、社会的价值确认和个体的社会认同,等等。①

当代哲学家对生活世界的多方面考察,展示了生活世界对人的存在的多重意义。相对于科学图景对世界的抽象,生活世界更多地表现了存在的具体性。从最一般的意义上看,生活世界可以理解为人存在于其间的这个世界。所谓"这个世界",与维特根斯坦所说的"那样存在"的世界有所不同。维特根斯坦曾说:"神秘的不是世界如何存在,而是它那样存在。"②如何存在,属具体的经验领域的问题,那样存在,则超越了经验之域。经验的探索以世界已经那样存在为前提,后者不是经验而又先于经验。怎么会有那样存在的世界? 那样存在的世界是如何发生的? 这是一个形而上学的问题。作为生活世界的这个世界,则不同于形上意义上"那样存在"的世界,它并非先于经验,而是形成于社会生活的实践过程。就"这个世界"(生活世界)与人的关系而言,它既涉及从自在之物到为我之物的转化,又构成了人存在的本体论前提:人总是生活在这个世界之中。

作为人内在于其间的具体存在形态,生活世界无疑关联着事实界。此所谓事实界,首先相对于本然界(自在之物)而言。如前所述,

---

① Jürgen Habermas, *The Theory of Communicative Action*, Vol. 2, Boston:
Beacon Press, 1987, pp.113 – 197.

② 〔奥〕维特根斯坦:《逻辑哲学论》6·44,北京:商务印书馆,1996 年,第
104 页。参见 *The Wittgenstein Reader*, Edited by Anthony Kenny, Malden, MA:
Blackwell Publishers, 1994, p.30。

生活世界并不是"那样存在"的世界,它既非先于经验,也非本来如此,其形成过程离不开化自在之物为为我之物的过程。正如事实界是进入人的知行之域的存在一样,生活世界也已超越了本然的形态,而表现为现实的存在。除了以现实的、具体的事实形态而存在外,生活世界往往体现着一定的价值追求,并包含着文化精神、社会秩序等向度,哈贝马斯在考察生活世界时,已注意到了这一点。作为人化过程的产物,生活世界总是以某种方式实现着价值的理想;生活世界的多重样式,往往折射着多重的价值理想。总之,生活世界既呈现为事实界,又表现为价值理想的具体化,其特点在于事实界与价值界的统一。

生活世界固然超越了本然的存在,但并未与自然相隔绝。就人与自然的关系而言,科学的图景侧重的是认知之维;在认知的模式下,自然向人呈现的,主要是数学、物理等属性,而人与自然也主要呈现为支配与被支配、征服与被征服等关系。但人与自然之辨并不仅限于此,在审美判断、价值评价等过程中,自然往往以诗意的、合乎善的形式呈现出来;天人关系的后一方面,显然已非科学的图景所能范围,它更多地是在生活世界中获得定位。天人关系的多重形式,同时也赋予生活世界以多方面的内涵,它从一个方面反映了生活世界的丰富性。

从生活世界反观天人关系,似乎可以看到一种值得注意的历史现象。近代的人文主义在总体上肯定人的内在价值,并由此关注人在现实生活中的存在。当法国的启蒙思想家提出人是环境和教育的产物时,他们同时也确认了生活世界的意义。但另一方面,人文主义往往又通过将自然状态理想化而表现出对自然的缅怀,并时时流露出回归自然的要求,在卢梭那里,便不难看到这一点。海德格尔一再赞美的所谓"诗意地栖居",同样内含着某种崇尚自然的倾向。这样,人文主义似乎在确认人文价值的同时,又将自然视为理想之境;其间蕴含着一种内在的紧张。类似的问题也存在于科学主义中。科学主义要求超越自然状态，化本然之物为为我之物，就此而言，其中无疑包含着对人的文化创造及人自身价值的肯定。海德格尔曾认为，"现代的基本进程乃是对作为图象的世界的征服过程。这里'图象'（Bild）一词意味着：表象着的制造之构图。在这种制造中，人为一种地位而斗争，力求他能在其中成为那种给予一切存在者以尺度和准绳的存在者"①。以人为尺度，意味着确认人的价值意义，就此而言，在科学的追求中，人似乎仍具有对于物的优先性。然而，另一方面，工具理性的片面强化，又往往使自然的这一人化过程趋向于存在意义的失落，后者实质上具有"非人化"的特点。于是，我们在这里看到了另一种意义上的理论张力。

生活世界在展示天人关系多重向度的同时，也内含着对自然的人化与人的自然化的双重肯定。作为"这个世界"，生活世界无疑是人化过程的产物：它超越了自然状态，体现了人的价值理想。但同时，作为具体的存在，生活世界并非隔绝于自然：天与人、自然与人文总是统一于"这个世界"，并构成了相关的环节与方面。在这个世界中，人以其现实的交往方式和实践活动而赋予存在以人文的意蕴，自然则作为存在的本体论前提和生活世界的有机构成获得了自身的定位。

作为人存在的本体论基础，生活世界本质上具有实践的性质。与生活世界的多重维度相应，实践也具有多重样式。从最直接的形式看，首先展开的，是日用常行（包括饮食起居、家庭生活，等等）。这种日常的行为固然平凡近俗，但却构成了人自身生命再生产的基本方式，并相应地赋予人的存在以历史的延续性。除了日用常行，生活世界中的广义实践还表现为观念形态的文化创造，从理论的探索，到

---

① 〔德〕马丁·海德格尔：《世界图象的时代》，《海德格尔选集》，第904页。

艺术的创作,都可以看作是这一意义上的实践;按其本性,科学研究也应归入如上领域。文化创造既构成了人在生活世界存在的方式,又从一个方面展示了生活世界的丰富内涵。当哈贝马斯将文化列入生活世界的构成时,无疑已注意到了这一点。实践的更为深沉的形式是劳动。作为生产活动的一个环节,劳动往往被视为不同于日用常行的领域,这无疑是有道理的,但如果把生活世界广义地理解为"这个世界",那么,劳动无疑也应归入生活世界之域。从社会交往的角度看,主体间的理解、沟通不仅仅内含于日用常行,而且展开于劳动过程;就人的存在方式而言,劳动则更深刻地体现了人的本质力量。正是在劳动中,生活世界获得了其坚实的根基。

如前所述,相对于科学图景对世界的规定,生活世界更多地展示了存在的具体性。科学主义将科学的世界图景视为唯一真实的存在,不仅引向了对世界的抽象理解,而且难以避免科学与人文、理性与价值、生活世界与科学图景的对峙;后者在某种意义上可以看作是存在的另一种分裂。超越以上分离和对峙的现实途径,在于回到"这个世界"——回到生活世界。回归这个世界当然并不是拒斥或疏离科学的世界图景,它应当更全面地理解为科学的世界图景与生活世界的统一。正是奠基于回归生活世界("这个世界")之上的这种统一,构成了扬弃科学与人文、工具理性与价值理想分离的历史前提,而就形上的层面而言,向"这个世界"的回归,则可以看作是一种本体论的承诺,它的真切的意义在丁扬弃科学的"形而上学",①回到具体

---

① 海德格尔曾说:"笛卡尔对存在者和真理的解释工作首先为一种知识论或知识的形而上学的可能性创造了前提条件。"(〔德〕马丁·海德格尔:《世界图象的时代》,《海德格尔选集》,第909页)此所谓知识论的形而上学,与本文所讨论的科学的"形而上学"有相通之处;当然,前者的含义也许更为宽泛,本文所说科学的形而上学的特点主要在于将科学的世界图景泛化为唯一真实的存在形态。

的存在。

马克思曾指出："至于说生活有它的一种基础,科学有它的另一种基础——这根本就是谎言。"①这里明确表达了反对科学与生活世界分离的立场。在马克思看来,科学与生活统一的共同基础,即是人化的自然或"人的现实的自然界"②,它也可以理解为在人的历史实践过程中形成的现实世界。人化的自然从历史的层面构成了生活世界本原,生活世界则使人化的自然与人的存在进一步沟通和融合起来,二者从不同的方面展示了"这个世界"的具体内涵。以"这个世界"为共同的基础,科学本身也获得了真正的统一性:"自然科学往后将包括关于人的科学,正像关于人的科学包括自然科学一样:这将是一门科学。"③马克思后来更简约地将这门统一的科学概括为历史科学:"我们仅仅知道一门唯一的科学,即历史科学。"④从本体论的意义上看,人的存在与这个世界呈现为某种互动的关系:这个世界形成于人的历史实践,而人的历史实践又展开于这个世界,二者表现为同一历史过程的两个方面;就文化的发展而言,科学与人文、生活世界与科学图景在历史实践的基础上,共同指向人的具体存在,并由此取得统一的形态。

作为具体存在,"这个世界"(生活世界)本质上具有开放的性质,后者(开放性)首先表现于过程之维。如前所述,与本然世界不同,生活世界并不是既成的存在,它一开始便处于生成过程;在通过多样的实践形式展示其具体、现实品格的同时,生活世界又不断地指向未

---

① 〔德〕马克思:《1844 年经济学哲学手稿》,北京:人民出版社,1985 年,第 85 页。

② 同上书,第 83、85 页。

③ 同上书,第 85 页。

④ 《马克思恩格斯选集》第 1 卷,北京:人民出版社,1972 年,第 21 页。

来,而这一历史过程又以科学与生活世界的互动为其重要内容。科学既内在于生活世界,又与生活世界相互作用:生活世界(这个世界)构成了科学活动的现实的出发点,而它本身也随着科学的发展而改变自己的形态。以"这个世界"(生活世界—具体的存在)确认为前提,科学与人文、工具理性与价值理性、知识与智慧等统一似乎可以获得某种本体论的基础,而科学的世界图景也将扬弃与生活世界的分离并趋向合理的定位。

**附录**

# 现代化过程的人文向度

## 一

在概念的层面,讨论现代化(modernization)的问题往往很难回避现代性(modernity)。现代化与现代性作为两个不同的概念,其内涵无疑存在着差异,但二者并非彼此隔绝。艾森斯塔德曾从历史的角度,对现代化作了概要的界说:"就历史的观点而言,现代化是社会、经济、政治体制向现代类型变迁的过程。它从 17 世纪至 19 世纪形成于西欧和北美,而后扩及其他欧洲国家,并在 19 世纪和 20 世纪传入南美、亚洲和非洲大陆。"①与

---

① 〔以〕艾森斯塔德:《现代化:抗拒与变迁》,北京:中国人民大学出版社,1988 年,第 1 页。

之相近,吉登斯在回答"何为现代性"的问题时,也表述了类似的看法:"现代性指社会生活或组织模式,大约 17 世纪出现在欧洲,并且在后来的岁月里,程度不同地在世界范围内产生着影响。"①"在其最简单的形式中,现代性是现代社会或工业文明的缩略语。比较详细的描述,它涉及:(1)对世界的一系列态度、关于实现世界向人类干预所造成的转变开放的想法;(2)复杂的经济制度,特别是工业生产和市场经济;(3)一系列的政治制度,包括民族国家和民主。"②对现代化与现代性的如上理解,显然包含着相互交错、重叠的内容。它从一个方面表明,无论在内涵还是外延方面,"现代化"与"现代性"概念的区分都具有相对性。

当然,尽管"现代化"与"现代性"具有相通性,但二者在内涵上仍可有不同的侧重。比较而言,现代化主要以社会在不同领域及层面的历史变迁为内容。首先是器物的层面。在这一层面上,现代化的发展具体体现于工具的变革。工具与科学技术存在着密切的关系,它既是科学技术的某种载体,又构成了科学技术进步的尺度和表征;工具同时又通过对生产方式的制约,影响着社会的形态。马克思曾指出:"手工磨产生的是封建主为首的社会,蒸汽磨产生的是工业资本家为首的社会。"③手工磨与蒸汽磨分别代表了不同的生产工具,而封建主为首的社会及工业资本家为首的社会则对应于前现代与现代的社会形态,在此,工具的变革构成了社会转型的推动力。以工具的变革为核心,现代化在器物的层面不断得到推进,这种变迁不仅体

---

① 〔英〕安东尼·吉登斯:《现代性的后果》,南京:译林出版社,2000 年,第 1 页。

② 〔英〕安东尼·吉登斯,〔英〕克里斯多弗·皮尔森:《现代性——吉登斯访谈录》,北京:新华出版社,2001 年,第 69 页。

③ 《马克思恩格斯全集》第 4 卷,北京:人民出版社,1965 年,第 144 页。

现于生产方式,而且也展开于日常生活。

在制度的层面,现代化既涉及经济的领域,也涉及政治的体制。就经济领域而言,现代化的过程往往以市场运转系统的建立为指向;市场的秩序及效益的追求,构成了现代化区别于前现代化的特征。与市场体制相应的,是政治领域中的民主化进程及科层制的建构。民主化意味着"所有群体都有权日益具体地参与一切生活领域"①,科层制则以政治机器的高效运作为目标。现代化的制度之维当然不限于上述方面,但市场经济与科层制无疑构成了其较为内在的方面。

文化是现代化过程涉及的另一领域。广义的文化包括人的创造过程及其成果,人的创造形式的多样性也决定了文化形态的多样性。狭义的文化则主要指向观念的形态。一般而言,观念形态的文化以价值观为其核心,这一层面的现代化也相应地集中体现于价值观。个体性、多元性、自主性,以及平等与宽容、批判与反思、进步与创造,等等,取代了权威主义的价值体系,成为文化现代化过程的具体表现形式。与此相联系的是新的人格的形成及人自身的现代化。

当我们将目光转向现代化过程所体现的一般的趋向和原则时,现代性问题便开始进入我们的视域。首先应当关注的是理性化趋向。按韦伯的理解,现代化的过程主要以理性化为其内容,从现代化的历史进程看,理性化的趋向确乎多方面地体现于社会领域。如前所述,在器物的层面,现代化以工具的变革为核心,而工具的变革,又与科学技术的进步相联系,后者既需要逻辑分析、运演等理性的能力,又涉及为知识而知识、如实地面向对象等广义的理性精神;工具在某种意义上可以看作是科学理性的物化形态。在制度的层面,市场体制的运作尽管从外在的形式看似乎不像"计划经济"那么理性

---

① 〔以〕S. N. 艾森斯塔德:《现代化:抗拒与变迁》,第 13 页。

化,因为它主要由市场的力量来调节,但就其内在的机制而言,市场经济往往以效益的严格计算来担保,这种计算所体现的,是一种目的—手段意义上的理性。同样,在社会政治体制方面,整个公共管理机器所呈现的是无人格的形态;作为无人格的法治系统,科层体制所追求的,首先是程序、形式意义上的合法性、有效性,在这里,理性(主要是工具理性)依然具有主导的作用。

作为内含于现代化过程的一般趋向和原则,现代性的另一表现形式是主体性原则。哈贝马斯曾指出:"主体性原则决定着现代文化。""在现代性中,宗教生活、国家、社会,以及科学、道德和艺术,都被转换为主体性原则的具体形态。"①主体性首先相对于对象性而言,从哲学的层面看,现代化过程是一个不断化自在之物为为我之物的过程,其中蕴含着对外部世界的支配、征服等趋向,而由此展开的主体与外部世界的关系,一方面凸显了人的本质力量,另一方面又往往容易导向主体与对象的紧张与对峙。

在主体与外部对象的以上关系中,"主体"更多地以类的形式出现,与"类"相关的是个体或自我,在个体或自我的层面,肯定主体性的原则意味着对自主性、个体性的确认。现代化过程不仅以对象世界的改造为内容,而且涉及人自身的转换(所谓人的现代化),后者往往展开为对独立个性、自主权能等的追求,而在这种追求的背后,则不难看到主体性原则的制约。从另一方面看,主体性同时又涉及自我与他人的关系;与个体、自我的关注相联系,在关系的层面,主体性的原则似乎更多地侧重于面向自我或个体本身,这种趋向使自我与他人、个体与群体、主体之间的关系往往难以获得适当的定位。

---

① Jürgen Habermas, *The Philosophical Discourse of Modernity*, Cambridge MA: The MIT Press, 1996, p.17 - 18.

如前所述,现代化过程无法疏离文化的层面,而价值观又构成了文化的核心,与之相应,在文化的维度上,现代性具体展开为价值的系统。前文所论及的理性原则、主体性原则在广义上也具有价值观的意义,与之相联系的是人道、自由、平等、民主等观念。人道以确认人的内在价值为前提,自由既是人实现其内在价值的方式,又是人的本质力量的表征,平等、民主则以尊重人的权利为实质的内容。这些原则与进步、创造等信念相互融合,从价值系统方面,展示了现代性的具体内涵。当然,现代化过程往往伴随着世俗化,这一过程既意味着文化、价值观上的所谓"去魅"(detachment),也表现出人格追求方面的平民化、文化趣味上的大众化等趋向,后者与个体性等原则相反而相成,蕴含着理想的某种退隐及存在意义关注的淡化。

二

不难看到,现代化与现代性无法截然相分,对现代化过程的理解,总是同时渗入关于现代性的看法,当我们从总体上考察现代化过程的人文意义时,也相应地涉及现代性的人文之维。人文往往与科学——首先是实证科学——相对而言,实证科学指向经验对象,人文则以人的存在及其意义为主要关注之点,同时也在宽泛的意义上涉及文化的领域。现代化的过程不仅仅展开为一个借助科学和技术的力量以支配、征服自然的过程,也并非只是指向理性化的社会体制,而是同时涉及文化层面。就文化的现代化而言,其人文的向度首先可以从学科的演化方面加以考察。在走向现代的过程中,随着学科的不断分化,人文学科逐渐取得了独立的形态。人文学科的渊源当然可以追溯到前现代,无论是哲学,抑或文学、历史学,我们多需要从前现代讲起。然而,人文的各个分支之成为现代意义上的学科,总是伴随着学术规范的形成、学术体制(包括大学、学会、出版机构等)的建立、学术研究的专业化,等等;反过来,人文学科获得现代的形态,则从文化的现代化这一层面,展示了现代化过程的人文内涵。

人文学科成为现代学术,当然并不是现代化所内含的全部人文意义。文化的分化,是现代化过程的重要景观,哈贝马斯曾指出,在康德那里,已出现审美趣味、正当性、真理等领域的分离,三者各有自身的有效性。① 审美趣味在于以形象的方式敞开世界,真理涉及对事实的把握,正当性则展开于道德、法律等领域,它所指向的是实践过程的规范。现代化的过程在广义的文化层面固然表现出认知、规范、趣味等领域相分的趋向,但其中又蕴含着对真、善、美的不同追求,后者所体现的人文意义,显然已超越了学科之域。

人文观念不仅渗入于现代化的过程,而且以不同的形式影响、制约着现代化的过程。人是目的,这是为康德所明确表达的现代人的基本信念之一,其中包含着深刻的人文内涵。从现代社会的演进看,将人视为目的既包含着对人的内在价值的确认,也为现代人征服、支配、利用自然提供了根据。哲学意义上的化自在之物为为我之物,在这里具体展现为变革自然、为人所用。在走向现代的过程中,上述信念无疑构成了现代人进军自然的重要动力。当然,这种观念的过分膨胀,也每每引发人类中心的趋向,而以人类中心为原则,往往容易导致天人关系的失衡,现代化过程中一再面临的生态、环境等问题,从一个方面表明了这一点。

如前所述,现代化的过程在一定意义上表现为一个理性化的过程。就其内涵而言,现代化所体现的理性化,较多地表现为工具意义上的理性,后者所关注的,首先是外在的、作为手段或工具的价值,当

---

① Jürgen Habermas, *The Philosophical Discourse of Modernity*, p.19.

这种工具意义上的理性过于强化时，它与人是目的的观念往往会发生某种冲突：以理性的工具意义为主导，将逻辑地引向人本身的工具化。事实上，在现代化的过程中，确乎可以看到人类中心化与人的工具化这二重具有悖论意味的现象。相对于工具层面的理性，人文的观念更多地包含着对人的存在及其意义的关切，它在本质上要求超越对人的工具化、对象化的理解，确认并实现人的内在存在价值。从个性的崇尚到自由的追求，从审美趣味的净化到伦理境界的提升，人文的观念都表现出一种反叛工具化的趋向，它对于抑制工具理性的单向度展开、避免悬置人的内在价值，无疑产生了不可忽视的作用。

如果从工具理性与人文观念的比较反观工具理性本身，则可以进一步看到人文观念的内在制约作用。如前文所说，作为现代化过程的主导性原则，工具理性以目的与手段的关系为关注之点，但从逻辑上看，考察目的与手段关系的前提，是对目的本身的确认。事实上，广义上的工具理性，总是涉及不同目的之间的比较、权衡、选择，目的与手段关系的规定和把握，难以离开这一出发点。较之目的与手段的关系首先指向效率、效益等计算（以最经济的手段获得最大的效益），目的本身的权衡，似乎同时关联着价值本身的考虑、评价，后者显然已包含价值的理性。一般而言，在工具理性与价值理性的分野中，价值理性更多地体现了人文的内涵，这样，对目的本身的价值意义的关注，便不仅意味着价值理性向工具理性的渗入，而且表明现代化过程在其主导性的原则上也难以完全摆脱人文观念的制约。

历史地看，现代化过程在其展开过程中，不仅为科学、技术、生产力等因素所推动，而且受到价值原则、伦理精神等的制约。韦伯在回顾资本主义兴起过程时，曾对新教伦理在其中的作用作了具体的考察。按韦伯的看法，新教所包含的责任意识、所倡导的工作伦理，以及以勤奋、节俭来确证自身为上帝的选民，等等，在资本主义的发展过程中曾构成了内在的动力。资本主义可以看作是现代化在经济关系等方面的表现形态,相对于仅仅关注于形式层面的计算、谋划,新教伦理在内含实质理性或价值理性的同时,似乎更多地体现了人文的关怀。如果说,工具理性渗入了价值的理性主要在逻辑的层面彰显了现代化过程的人文维度,那么,资本主义与新教伦理的关系,则从历史过程的方面折射了现代化过程与人文关切的互动关系。

现代化并不限于文化、观念的领域,它同时有其制度的内容。在社会政治的层面,现代化的制度之维往往体现于民主等体制:以普选、议会等制度为载体,现代化展示了其在政治运作方面的表现形态。制度既有其外在的形式,又包含着内在的理念,作为现代化的制度体现,民主制同样不仅具有程序、组织、机构等体制性的方面,而且以平等、自由、人权等理念为其内在的精神。按其本质,民主的理念所体现的不仅仅是对程序合理性的关注,它总是蕴含着对个体、社会、政治运作、历史过程的价值认定,后者同时展现一种人文的关切。内在的人文观念与外在制度的如上融合,从另一个方面表现了现代化过程的人文维度。

作为一个历史过程,现代化的道路和模式并不是单一的,随着对现代化过程的进一步研究以及对欧洲、北美、东亚不同的现代化形态的考察,多元现代化或多元现代性的现象逐渐得到了揭示。导致现代化不同形态的根源是多方面的,其中文化的多元性是一个不可忽视的因素。在现代化起步与发展不同的地区与国家,文化的背景往往互不相同,基督教传统之下的欧美,与儒学影响下的东亚,其文化背景便存在着重要差异。以东亚而言,在日本、韩国、新加坡等国家和地区所展开的现代化过程,确实具有不同于欧美的某些特点,在这些特点的形成中,儒学影响的作用究竟达到何种程度,这当然是可以进一步探讨的问题,但如有关的研究已表明的那样,二者之间存在着某种联系,这一点似乎已很难置疑。如前文所论,文化的核心是价值的系统,其中蕴含着深沉的人文内涵,当文化不仅成为现代化过程的一个内容,而且构成了影响现代化具体形态的背景时,内在于其中的人文观念无疑也共同参与了这种制约。在现代化的多元性与文化的多样化之间的互动之后,不难看到人文观念的深层作用,忽略了这一点,便无法把握不同现代化形态的具体特点。

三

相对于西方的现代化进程,中国的现代化无疑起步较晚,其人文之维也具有较为独特的表现形态。作为一个历史过程,中国走向现代的艰难跋涉以器物的关注为其开端。当魏源提出"师夷之长技以制夷"时,易"技"为内容的器物层面的现代化进程便开始提上了日程。随着维新、变法活动的展开,现代化的过程逐渐指向了制度的层面。相应于西学东渐的历史走向,文化、观念层面的现代化进一步被推向了前台。现代化的这些方面当然并非仅仅以前后相继的形式展开(在其现实性上,它们往往具有互渗、交错的特点),但它们确乎展示了现代化过程的多方面性。

从文化的层面看,教育的变革在中国的现代化进程中似乎具有独特的意义。无论是在器物的层面,抑或制度的层面,现代化过程都呼唤着新知与新人:器技的进步离不开科学等新的知识与具有科学素养的人才,制度领域的维新和变法,同样有赖于政治、法律等新知的普及和新的知识群体的形成。20世纪初科举制的废除,既适应了以上的历史需要,又为新的教育体制的形成提供了前提,与之相辅相成的是新式学校的兴起,而新知的传授及新人的培养则构成了这种新式教育的内容和目标。

科举制废除的另一重后果,是对经学的冲击。经学尽管形成于科举制之前,但科举制无疑在体制上为经学提供了重要的依托:当读经成为入仕的途经时,经学的存在便具有了制度上的保证,经学能够长期延续,并在相当的范围和程度上左右着知识阶层(士),与科举制以经取士的导向,显然不无关系。然而,在科举制退出历史舞台之后,经学似乎也失去了体制层面的存在根据。随着西学思潮的不断涌入以及皇权的崩溃,经学进一步面临来自思想层面及政治层面的挑战:西学所包含的近代观念对经学义理的权威性提出了质疑,皇权的崩溃则使经学作为正统意识形态的功能失去了存在的前提。在政治土壤、体制担保以及义理的合理性和权威性都不复存在的背景下,经学不可避免地走向了其历史的终点。

经学的终结与新式教育的形成及近代西学的东渐相辅相成,为现代学术的建立提供了前提。历史地看,中国传统的知识、学术在相当长的时期中带有未分化的特点。自汉代以后,经学不仅成为正统的意识形态,而且逐渐构成了主要的知识与学术领域。尽管从现代学科分类的角度去考察以往的学术,我们似乎亦可以划分出不同的领域,但在其传统的形态下,这些领域却往往都被涵盖在经学之中。即使到了清代,音韵学、训诂学、校勘学、金石学、地理学等具体领域的研究有了相当的发展,在某种程度上甚至出现了梁启超所谓"附庸蔚为大国"的格局,但就总体而言,它们仍从属于经学,而未能获得独立的学术品格。然而,随着经学的终结,传统学术的统一形态开始失去其依托,而内含于其中的学术分支则在东渐西学的影响之下,逐渐取得了独立的形态,学术的这种独立化过程,同时也是其走向现代的过程。

在人文的领域中,走出经学的过程表现为文学、历史、哲学等学科的分化及其现代形态的形成。就实质的内容而言,文、史、哲的研究在一定意义上古已有之，然而，在传统的学术形态中，这些领域往往相互交融，缺乏确定的界线，这种相互交融、文史哲无严格区分的视域对人文学术的研究具有何种积极或消极的意义，无疑是一个可以进一步讨论的问题，但从学科的发展看，在文史哲不分家的模式下，人文的研究似乎很难以独立学科的形态展开。事实上，学科界线的模糊与经学的普遍统摄、涵盖相互关联，确乎限制了传统人文学科向现代意义上的学科形态演化。

以经学的终结及教育、学术在体制、形式等方面的变革为前提，上述情况开始发生变化。经学的终结，使传统的学术规范、样式等渐渐失去了存在的理由及合法性，新的教育体制，包括大学的建立，使不同学科的设立及分化变得必要；专业化的学会、研究机构、学术刊物、研究规范等的形成，既在形式的层面标志着学科的独立化及成熟化，又进一步推进了其向现代形态的发展。随着哲学、历史、语言文学等独立系科的设立及相关的学术共同体、学术机构的出现，人文学科开始告别混而不分的传统格局，在实质与形式的层面都成为相对独立的现代学科，并逐渐取得较为成熟的形态。现代学术的建立，从"精英"文化的层面，展示了中国现代化过程中的人文之维。

与精英文化相关的是所谓大众文化。20 世纪初，随着白话运动的兴起，文化传播的形式和载体发生了引人瞩目的变化。在传统的文学样式中，文言往往构成了主要的表达手段，楚辞、汉赋、唐诗、宋词等标志不同时代的文学形态，其表达的主要方式皆为文言。文言作为一种文学表达形式，更多地与精英层面的文化相联系，从楚辞、汉赋到唐诗、宋词，其作者与读者，基本上都是知识群体，后者往往具有不同于大众的审美取向。就此而言，文言显然并不只是一种表达或传播的手段，而且涉及审美的趣味和观念，与此相联系，以白话取代文言，也并非仅仅表现为语言表达形式的转换：在语言形式转换的背后,是审美观念和趣味的转换。

白话当然并不是现代才出现的语言形式,白话小说、白话诗,等等,在现代之前已经存在,然而,在前现代,以白话为形式的文学样式,往往处于边缘的地位,在主流的审美评价系统中,它们很难获得认同,甚而言之,其合法性也每每受到质疑。但是,当白话作为文学表达的载体和形式得到承认以后,与之相关的文化形态,便不仅获得了存在的合法性,而且也开始超越边缘性。从更广的历史背景看,白话运动的展开与现代化过程的世俗化、平民化趋向无疑具有一致性,如果说,前者(白话运动)从形式的层面为审美观念、审美趣味的转换提供了推动力,那么,后者(现代化过程的世俗化趋向)则从实质的层面为这种转换提供了内在的根据。蕴含于白话运动中的审美观念及审美趣味的如上变迁,其意义显然不仅仅表现在为大众层面的文化形态争得一席之地:它的更深刻的意蕴在于通过对上述文化形态的现代定位,从一个较为宽广的文化之域,展示了现代化过程的人文内涵。

四

19世纪末20世纪初,随着现代化过程在文化领域影响的不断深化,科学逐渐走向思想的前台。五四时期,科学与民主并足而立,进一步成为现代性的中心话语之一。在追求知识、学术统一的努力中,科学趋向于在知识领域建立其主导地位;以走向生活世界为形式,科学开始影响和支配人生观,并由此深入个体的存在领域;通过渗入社会政治过程,科学进而内化于各种形式的政治设计,而后者又蕴含着社会运行"技治"化的趋向。科学的这种普遍扩展,既涉及文化的各个层面,又指向生活世界与社会领域,与之相联系的是科学内涵的不断被提升和泛化：它在相当程度上已超越了实证研究之域而被规定为一种普遍的价值—信仰体系。

按其本来意义，科学并非仅仅限于技术或认知的领域，作为观念及文化领域的现象，它同时又具有人文的内涵；科学的话语也往往超越了器技的层面而被赋予人文关切的内涵。无论是科学的功能、科学的内在机制，抑或科学的社会影响，都涉及人文的论域；当科学被提升到世界观的层面或成为价值系统的核心时，这一点便表现得尤为明显。科学的世界观或价值观意义，从一个方面体现了现代化过程的人文面向。

在走向现代的过程中，与科学相关的另一中心话语是民主。五四时期，"赛先生"（科学）和"德先生"（民主）便已相互呼应，成为思想界的两面旗帜。民主既是政治制度，又是政治理念，就理念的层面而言，民主始终以人的存在为关切的对象。在形而上的意义上，它首先以确认人的普遍存在价值为内容：民主的形上前提之一，是作为社会成员的公民都具有超越手段的内在价值；在与之相联系的政治学层面，民主以尊重人的权利为其题中之义：民主的预设之一，是人人都具有不可让渡的基本权利；在实践的层面，民主意味着肯定社会成员具有参与社会政治决策的能力：对民主的理念而言，正是这种能力，构成了民主所以可能的内在根据。民主理念所包含的上述内涵，从不同的方面体现了人文的关切，而其制度的形态则为落实这种人文的关切提供了某种体制上的担保。尽管民主的上述理念往往受到科层制中的工具理性、技治主义等倾向的限制，从而在历史演进中未必能完全得到实现，但作为现代化过程中的制度和观念之维，民主毕竟在实质的层面蕴含了人文的内涵，后者同时也体现了现代化过程本身与人文的相关性。

与科学的活动和观念相近，民主的制度和理念也涉及价值观的变迁。广而言之,社会的变革与价值观念的转换,往往存在着互动的关系,现代化的过程也总是包含着价值系统的转换,而中国近代的社会变革,同样也在价值观上得到了深刻的体现。从历史上看,前现代的中国传统价值系统主要围绕天人、群己、义利等关系而展开,对这些价值关系的探讨和定位在中国现代得到了某种延续,与走向现代的历史过程相应,其中所涉及的价值观念和价值原则往往又呈现不同的形态并获得了新的内涵。

在中国传统文化中,天既有自然义,亦指形而上的存在根据,天人之辩相应地既涉及自然与人之间的关系,亦指向人的终极关怀。就前一方面而言,儒家与道家都讲天人合一,但儒家要求化天性为德性,所注重的是仁道原则,道家则主张无以人灭天,所突出的是自然原则。在终极关怀的层面,天又构成了价值原则的形上根据。就汉以后主导的价值体系而言,天往往被视为社会纲常终极本源,所谓"王道之三纲,可求于天"①,便表明了这一点。天在超验化之后,常常又与"命"相通,事实上,在中国传统文化中,"天"与"命"每每被合称为"天命"。"天命"是一个比较复杂的概念,如果剔除其原始的宗教界定,则其含义大致接近于必然性。当然,在天命的形式下,必然性往往被赋予了某种神秘的、超自然的色彩。与命相对的是所谓"力",后者一般泛指人的力量和权能;而天人之辩亦相应地常常展开为力命之辩。历史地看,儒家主张"为仁由己",其中包含着在道德领域肯定主体权能的观念,但在道德领域之外,儒家往往又强调命对人的制约作用,从而徘徊于外在天命与主体自由之间。道家既追求个体的"逍遥"(精神自由),又主张无为"安命",在游移于力命之间上,亦表现出类似儒家的倾向。从总体上看,随着儒学的正统化,儒家价值系

---

① 〔汉〕董仲舒:《春秋繁露·基义》。

统中注重天命这一面也得到了某种强化,当宋明时期的理学家强调"仁者,天之所以命我而不可不为之理也"①时,其中多少已包含着某种宿命论的趋向。

价值观意义上的天人之辩,在现代也表现出多重向度。就主要的趋向而言,将自然理想化、要求回归自然的价值取向,首先被推向了历史的边缘。在富国强兵、科学救国、走向现代等历史要求下,变革、征服、支配自然,化自在之物为为我之物成为时代的主旋律;就人自身而言,对天性的维护,曾是"无以人灭天"的含义之一,但在现代,对本然的天性的关注,逐渐为天赋人权、自由个性等所取代,在这里,"天性"已被赋予多方面的社会历史内容。天人之辩在近代更深刻地转换,则与拒斥天命论联系在一起。近代伊始,思想家们便已对超验的天命提出了种种批评和质疑,随着冲决罗网、伸张个性等历史要求的突出,西方意志主义的引入,心力、意志、人的创造力量等越来越被提到了重要的地位,意志主义在一定意义上蔚为思潮。这种思潮对传统的天命论无疑是一种重要的冲击,尽管其中所蕴含的非理性主义趋向,使其在解决广义的天人关系等问题时,也存在自身的问题,但相对于仅仅突出人的理性规定,对非理性方面的关注,无疑也表现出扬弃过度理性化的趋向,后者与广义的人文关切具有一致性。

由天人之际转向社会本身,便涉及群己关系。早期儒家已提出了成己与成人之说,成己主要是自我在道德上的完善,它表现了儒家对个体性原则的理解;成人则是首先实现社会群体的价值,它所体现的更多的是群体的原则。当然,在成己与成人之间,后者往往被赋予

---

① 〔宋〕朱熹:《论语或问》卷一。

目的的意义,所谓"修己以安人"①,便表明了这一点。相对于儒家,道家更注重个体的存在价值,他们以"保身"、"全生"为追求的目标,②并把个体的逍遥提到了突出的地位。不过,道家的价值观念并没有成为中国文化的主流。随着儒学向正统意识形态的衍化,群体的原则一再地得到了强化;理学提出"大无我之公"③,要求个体自觉地融入群体及整体,已表现出某种整体主义倾向。

步入近代以后,群己之辩呈现较为复杂的情形。一方面,"我"的自觉以及反叛天命、个性解放、尊重个人权利等近代的要求,将个体性的原则逐渐提到了前所未有的地位,个人主义的人生观等也应运而生。这种个体性的原则对整体主义无疑具有解构的意义。另一方面,深重的民族危机、救亡图存的历史需要,又使群体、民族的利益变得十分突出,从而,群体的原则依然受到了相当的注重。即使是严复、胡适这样具有自由主义倾向的思想家,也同样时时流露出对群体原则的关注。可以说,个体性原则与群体原则似乎都未能获得充分的展开:在中国近代,往往较少将个体原则推向极端者,也很难出现传统的整体主义者,相反,试图沟通群体原则与个体原则的思想却获得某种历史的前提,李大钊关于大同团结与个性解放相统一的观念,可以看作是这方面的积极成果。对个体价值与群体价值的双重关注,既展示了人文关怀的具体内容,也表现了在特定历史背景下中国走向现代的特点。

与群己关系相联系的是义利之辩。群体与个体的定位并不仅仅体现于抽象的观念认同,它在本质上总是涉及具体的利益关系。在中国传统文化中,占主导地位的是儒家对义利关系的看法。儒家首

---

① 《论语·宪问》。
② 《庄子·养生主》。
③ 〔宋〕朱熹:《西铭论》。

先确认义的内在价值,并强调其至上性,所谓"君子义以为上"①即侧重于此。从伦理学上看,儒家在肯定道德原则的超功利性的同时,往往表现出将其抽象化的趋向;从价值观上看,义以为上的观念在培养崇高的道德情操等方面,则亦有不可忽视的意义。不过,儒家虽然不完全否定利,但对个人的功利意识则往往加以排拒,而个人的利益亦相应地往往未能得到合理的定位,在董仲舒所谓"正其谊不谋其利,明其道不计其功"②的著名论点中,以义制利已趋于对功利意识的消解。在宋明时期,义利之辩与理欲之辩进一步结合在一起,以义制利则引向了存理灭欲,后者可以看作是对孔颜之乐(以理性的升华为幸福的主要内容)的片面引申,它多少意味着对人的感性存在的漠视。

相应于近现代工商业的发展及工商地位的提升、个体性原则的注重等,近现代思想家对功利意识及个体的感性存在采取了更为宽容的态度。在近现代思想家中,"去苦求乐"或"趋乐避苦"既被视为人性之自然,又被理解为合乎人道的趋向,从而获得了合法性与正当性。这里的"乐"与人的感性存在相联系,以乐为善,体现的是功利主义的观念。严复由此更直截了当地为功利原则辩护:"功利何足病!"③陈独秀则把功利主义理解为民权、自由、立宪等的重要条件。相对于义以为上、不谋其利的传统义利观,对功利原则的如上肯定,无疑表现了价值观的转换。

不过,与群己之辩上的群己和谐取向相一致,在义利关系上,近代的思想家也并非仅仅关注个体之利。严复已提出"开明自营"的观念,它既不同于以抽象的道德原则消解功利,也非对一己之利的片面

---

① 《论语·阳货》。
② 〔汉〕班固:《汉书·董仲舒传》。
③ 〔清〕严复:《严复集》,第 1395 页。

强化,而是以"两利"(利己与利他的统一)为特点。陈独秀也从"群己相推之理"出发,强调"人世间去功利主义无善行"。[①] 这里既折射了群体利益日渐突出的时代背景,又可以看到以义制利的传统观念及穆勒的功利主义思想的某种影响。如果说,功利的原则主要从经验的、感性的层面确认了存在的意义,那么,道义的原则或义务论则较多地将存在的意义与理性的本质联系起来。

从天人之际到义利之辩,价值系统始终以人自身的存在为出发点,并首先表现为对人的需要、人的存在意义的关切,价值的认定、价值的取向、价值的判断,本质上都围绕着人的存在而展开。通过关注人的存在、人的需要,以及人的存在意义,价值观从不同的方面展示了人文的内涵,而以人的存在及其意义为指向,价值系统从传统到现代的转换,同时也体现了人文内涵的历史变迁。

在终极的意义上,价值观又与宗教相联系:从超越的层面追问价值,往往引向宗教的视域。就现代化过程而言,宗教是一个不可忽略的因素,当然,二者的关系有其复杂的一面。从一般趋向来看,现代化往往表现出世俗化的特点,后者对宗教无疑是一种冲击或挑战。伴随着世俗化的走向,宗教对社会政治、日常生活的影响,也每每趋于弱化,所谓"上帝死了",便较为典型地折射了这一现象。然而,这只是问题的一个方面。在趋向于世俗化的同时,现代化过程总是又在不同的层面受到宗教的制约,当韦伯将资本主义精神与新教伦理联系起来时,他显然已注意到这一点。广而言之,尽管在现代化过程中,宗教对人精神生活的影响具有不同于前现代的特点,但宗教层面的需要,并没有在现代化过程中消隐。作为广义的文化现象,宗教一

---

① 陈独秀:《再质问〈东方杂志〉记者》,《陈独秀文章选编》,北京:生活·读书·新知三联书店,1984 年,第 285 页。

方面面临着如何适应现代化的问题,另一方面,又以多重方式显示其在现代化过程中的意义。就精神生活而言,终极关怀是人无法回避的问题,在走向现代的过程中,这一问题依然存在。按其实质,终极关切以存在意义的关注为题中之义,它要求超越对物质层面需要的单纯关注,避免工具化的存在境域。宗教通常被理解为神性对人性的压抑,但终极关切的上述内涵,无疑又包含着人文的意蕴,它在表明宗教现象复杂性的同时,对于现代化过程中工具理性的过度膨胀,似乎也具有某种抑制的作用。宗教所渗入的人文内涵,同时也以较为独特的形态,展示了现代化过程中的人文维度。

作为一个历史过程,现代化在其展开过程中,往往伴随着不同形式的负面后果,后者每每引发对现代化过程本身的质疑或责难。在中国现代,尽管现代化过程常常处于一波三折的形态,隐含于其中的问题也尚未充分显露出来,但是,在中国与外部世界已由相互封闭、隔绝走向彼此沟通的背景下,已经或正在完成现代化过程的西方所呈现的种种问题,同样成为中国知识分子反思的对象,并为中国知识分子参与对现代化过程的批评和责难提供了前提。20世纪初,随着西方现代化过程所产生的种种弊端的逐渐浮现,对现代化的某种疑惧和责难也开始萌生。早在五四时期,梁漱溟已对现代社会提出了批评:"现在一概都是大机械的,殆非人用机械而成了机械用人。"①在熊十力、梁启超,以及《学衡》派等具有文化保守主义倾向的思想家中,同样可以看到类似的批评。与批评机械的现代世界相应的,是对中世纪闲适生活的赞美:"中国人以其与自然融洽游乐的态度,有一点就享受一点,而西洋人风驰电掣地向前追求,以致精神沦丧苦闷,所得虽多,实在未曾从容享

---

① 梁漱溟:《东西文化及其哲学》,《梁漱溟全集》第一卷,第492页。

受。"①这里的中西之别,其实质的内容是古(传统)今(现代)之分,这种对照既突出了现代与传统之间的张力,又彰显了现代化过程中的负面现象("精神沦丧苦闷"、所得虽多而未曾从容享受)。

对现代化的质疑或责难,显然不能简单地理解为对现代化过程的外在否定,就更内在的层面而言,它可以被看作是现代化过程的自我反省和自我批判。尽管对现代化的疑虑、责难容易引向消极意义上的否定,在某些批评者那里,似乎也可以看到这种趋向,但作为现代化过程的自我反省或自我批判,质疑现代化并非旨在消解现代化过程,毋宁说,其更实质的意义,在于避免现代化过程本身的片面化。梁漱溟批评现代社会不是"人用机械"而是"机械用人",所揭示的便是工具理性过度膨胀之后导致的人被工具化的社会后果,从逻辑上看,这种批评的前提是对人的内在价值的肯定,以及反对人的工具化;它在展示人文立场的同时,也内在地隐含着消除现代化过程之负面效应的要求。在此意义上,对现代化以及现代性的质疑,不仅没有离开现代化的过程,而且通过现代化的自我批判以及要求扬弃现代化过程中的异化现象,以独特的方式展示了现代化过程中的人文的向度。②

---

① 梁漱溟:《东西文化及其哲学》,《梁漱溟全集》第一卷,第478页。

② 一般而言,对现代化的批评,似乎可以区分为二重趋向:其一,把现代化理解为尚未完成的项目或未竟的事业,对这一批判趋向而言,现代化过程中所显露的问题,导源于现代化自身的未完成性质,哈贝马斯便持这一立场;其二,更多地将现代化视为已完成的过程,并从整体上对现代化的过程作批判性的考察,在各种后现代主义的学说中,这一点表现得十分明显。后现代主义往往被认为更多地涉及实质的理性,后者又与人文的关怀相联系。中国近现代的文化保守主义对现代社会的责难,在某些方面似乎与后现代的立场有相近之处。就广义而言,尽管对现代化及其过程的理解有所不同,但二者都形成于现代化本身的发展过程,因而都可以看作是现代化过程的自我批判,而这种批判中所呈现的人文趋向,也相应地表现为现代化过程的内在向度。

# 后 记

  《科学的形上之维——中国近代科学主义的形成
与衍化》原由上海人民出版社于 1999 年出版,次年,台
湾洪叶文化公司出版了海外繁体字版。这次重版,除
修正了若干讹误外,未作其他实质的改动。书后增补
了两篇与中国近代思想衍化相关的文稿,作为附录,希
望以此为理解中国近代的科学主义提供更广的背景。

杨国荣

2008 年 10 月 21 日

# 2021 年版后记

2009 年,本书作为我的著作集的一种,由华东师范大学出版社再版。此次重版,除校订了若干引文之外,未作其他修改。

杨国荣

2021 年 2 月 25 日